智能
产品服务系统
模块化设计方法

李　浩◎著

U0378131

清华大学出版社
北　京

内 容 简 介

本书是智能制造领域中关于智能产品服务系统的一本著作,主题是智能产品服务系统模块化设计方法。本书针对广义产品模块化设计原理与融合方法、理论与技术体系展开研究,并加入了面向大规模个性化的 PSS 模块化设计方法、数字孪生技术在复杂广义产品设计中的应用等内容。

本书是作者近十年关于面向服务的产品设计方法学的系统总结,并融合了最新的大规模个性化、数字孪生等方面的探索,供相关学者参考使用,以期为智能制造战略尽绵薄之力。

图书在版编目(CIP)数据

智能产品服务系统模块化设计方法/李浩著. —北京:清华大学出版社,2019.11(2023.7重印)
ISBN 978-7-302-54100-4

Ⅰ. ①智… Ⅱ. ①李… Ⅲ. ①产品设计－智能设计－模块化 Ⅳ. ①TB21

中国版本图书馆 CIP 数据核字(2019)第 239487 号

责任编辑:汪 操
封面设计:何凤霞
责任校对:赵丽敏
责任印制:杨 艳

出版发行:清华大学出版社
    网　　　址:http://www.tup.com.cn,http://www.wqbook.com
    地　　　址:北京清华大学学研大厦 A 座　　邮　　编:100084
    社 总 机:010-83470000　　邮　　购:010-62786544
    投稿与读者服务:010-62776969,c-service@tup.tsinghua.edu.cn
    质量反馈:010-62772015,zhiliang@tup.tsinghua.edu.cn
印 装 者:北京建宏印刷有限公司
经　　销:全国新华书店
开　　本:170mm×230mm　　印　　张:14.25　　字　　数:263 千字
版　　次:2019 年 11 月第 1 版　　印　　次:2023 年 7 月第 3 次印刷
定　　价:69.00 元

产品编号:076482-01

前　言

近年来，全球化市场竞争日渐激烈，客户需求愈加个性化与多样化，产品制造日益呈现出个性化和小批量等特征，大规模个性化时代已经到来。在客户的大规模个性化需求的驱动下，提供快速、低成本的大规模个性化定制设计与制造也成为未来制造企业发展的必然模式。基于此，世界主要工业强国均在激烈争夺技术的制高点，德国提出了"工业4.0"计划，美国大力推进"工业互联网"，中国制定了《中国制造2025》发展战略。

世界一流制造企业均在致力于剥离外包非核心业务并专精于核心业务，从传统的以单纯销售物理产品向客户提供"产品服务系统"（product-service systems，PSS）的整体解决方案转变。PSS是一种向消费者提供面向生命周期的个性化"物理产品/产品服务"整体解决方案，其目的是通过向用户提供个性化的产品和增值服务来实现产品的价值增值、服务增效与可持续发展，形成"互联网＋产品＋服务"的生态系统。

本书针对广义产品模块化设计原理与融合方法体系展开研究与探讨，包括了广义产品模块化设计平台、广义产品模块划分与融合原理、广义产品模块划分与融合技术体系等内容。然后针对理论与技术体系开展方法学研究与前沿探索，分别探讨广义产品模块划分方法、广义产品双层模块规划方法、广义产品模块化结构建模方法、广义产品模块优化配置设计决策方法、面向大规模个性化的产品服务系统模块化设计、数字孪生技术在复杂广义产品设计中的应用等。

本书在最新研究成果的基础上，加入了面向大规模个性化的PSS模块化设计方法的内容。针对此部分内容，分析大规模个性化与大规模定制模式的不同，归纳总结面向大规模个性化的PSS模块化设计基本特征与实现模式，提出面向大规模个性化的PSS模块化过程与方法。

第四次工业革命在制造业的典型体现之一是实现信息与物理深度融合，复杂产品设计和制造信息物理融合是其中最重要的环节，也是实现客户个性化需求的关键环节。智能设计是智能制造的第一个阶段，设计和制造的信息物理融合能够为后续智能加工、装配、运维等环节提供重要支持。但是，当前复杂产品设计与制造之间存在脱节,造成设计信息可重用性低,制造数据不能有效支撑产品的优化设计,导致无法实现产品设计与制造的虚实映射、循环迭代和一体化开发。为此,本书第 8 章介绍数字孪生技术在复杂广义产品设计中的应用。数字孪生(digital twin,DT)是实现智能制造目标的一个重要抓手,为复杂产品设计与制造一体化开发提供了一条有效途径。本书提出基于数字孪生的复杂产品环形设计框架,从需求分析、概念设计、个性化配置设计、虚拟样机、多学科融合设计、产品数据管理等角度,探索了基于数字孪生的复杂产品设计制造一体化开发中的关键技术。

本书是在国家自然科学基金面上项目"广义产品的模块化平台理论、方法与应用研究"(No.50975255)、国家自然科学基金面上项目"面向大规模个性化的模块化产品服务系统建模、设计与优化决策"(No.51775517)、国家自然科学基金青年项目"复杂集成服务型机械产品模块化结构建模研究"(No.51205372)和河南省科技创新杰出青年基金"复杂产品制造服务生命周期集成建模技术研究与应用"(No.184100510007)的资助下完成的,在此对这些基金项目的支持表示衷心感谢! 同时,本书的主要工作是在浙江大学恩师 祁国宁 教授、顾新建教授和纪杨建教授的指导下完成的,在此向他们致敬!

本书是作者近十年关于面向服务的产品设计方法学的系统总结,并融合了最新的大规模个性化、数字孪生等方面的探索,以期为智能制造战略尽绵薄之力。限于作者水平,书中难免会有疏漏甚至错误,敬请读者们批评指正。

作 者

郑州轻工业大学

2019 年 6 月

目　录

第1章 绪论

1.1 国内外制造业发展情况

1.1.1 国外制造业发展趋势

在全球化压力、环境/资源压力、高技术压力和客户个性化需求等的驱动下[1],一些制造企业逐渐剥离并外包一些非核心业务以降低生产成本,并通过将产品服务附加到物理产品上销售给用户以提升产品附加值,制造业呈现服务化趋势;同时,一些服务企业越来越向工业界渗透,为产品设计制造过程、产品流通和使用过程提供专业化与个性化服务,提升产品制造和产品服务过程的专业化。制造业和服务业这两大产业体系逐渐呈现交叉化的融合趋势,企业现代制造服务应运而生[2-4]。

现代制造服务是面向制造业的产品全生命周期服务,强调客户的个性化需求、交互与体验,它包括产品全生命周期全过程中面向生产者、生产过程和流通过程的服务,以及面向消费者及消费过程的服务。前者称之为面向制造业的生产性服务,后者称之为面向制造业的产品服务,两种服务之集合构成了现代制造服务[5,6]。以产品附加价值为增值目的的现代制造服务的出现并不是偶然的,它是随着国际产业发展趋势形成的。国外一些龙头企业的业务发展现状验证了企业服务增值战略的判断。2007 年,学者对德国 200 家机床制造企业的利润分布情况进行了调研(图 1-1)。调研结果发现:200 家机床制造企业的总销售额大约为 434 亿欧元,其中在新产品设计、制造和销售环节的销售额大约占 55%,但获得的利润却只占总利润的 2.3%,其余 97.7% 的利润均来自产品服务环节[1]。这种利润收入主要来自于产品服务环节的情况也存在于电梯、汽车、飞机、船舶、火车、工程机械等类型的大部分机械制造企业。因此,机械制造企业要获得更多的可持续利润,就不能以单纯销售物理产品为目的,而应以销售带有更多增值服务的产品,以此满足客户的个性化服务需求,提高产品的盈利额度和周期,使得企业获取新的利润点。同时,制造商将目光投向买方价值提升上,可以摆脱价格战的陷阱,开创可持续的品牌。通过价值创新,企业可以避免常规"差异化"战略下的高成本、高投入与高定价,从而实现客户与企业的双赢[7]。这就是企业大力推行服务增值(制造服务)战略的主要出发点和意义。

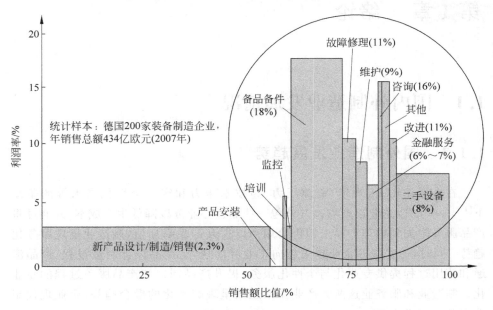

图 1-1　德国 200 家机床制造企业的利润分布情况[1]

对于传统制造企业,单纯销售物理产品越来越难以满足客户需求,如何在满足客户物理产品需求的情况下获得更多利润已成为制造企业非常迫切的需求。为了能更好地描述制造服务在产品提供阶段的服务增值,本人在文献[8,9]中提出了"广义产品"和"集成服务型产品"的概念,指出:"在产品销售阶段,为满足客户的多层次个性化需求,需要向客户提'物理产品/产品服务'的整体解决方案,这种多层次、个性化的解决方案即为广义产品[8]。集成服务型产品是物理产品与服务的一个有机结合体,提供给用户的是'物理产品/产品服务'的服务解决方案包,其中物理产品是产品服务的载体,产品服务则可以实现物理产品的价值增值[9]。"

1.1.2　中国制造业发展需求

中国的制造业是以丰富的资源和低廉的劳动力为代价的粗放型发展模式,

在国际分工体系中从事代加工和装配等低附加值环节。同时,在当前的全球化压力、环境/资源压力、高技术压力和客户个性化需求等的驱动下,制造业正面临着严峻考验[1,10]。一方面,由于市场竞争的加剧,企业从产品制造过程中获得的利润已经越来越少;另一方面,资源环境的持续恶化,使得中国传统的资源消耗型发展模式面临巨大挑战,企业转变发展方式开始提上日程。自 2008 年全球金融危机以来,中国的制造企业利润变得更加微薄,企业转型升级的需求愈加迫切和强烈。因此,寻找新的利润增长点和可持续发展方式已成为中国制造企业发展的迫切需求。

为了加快企业的战略转型升级,提高企业的利润率和国际竞争力,基于国外制造业的服务战略发展趋势,中国政府也提出了企业服务增效战略,提出大力发展企业的"制造服务"[5,10]。近年来,中国政府先后发布了《2006—2020 年国家信息化发展战略》《国家中长期科学和技术发展规划纲要(2006—2020 年)》《国务院关于加快发展服务业的若干意见》《装备制造业调整和振兴规划》《"十三五"国家制造业信息化科技工程规划》《国民经济和社会发展第十三个五年规划纲要(2016—2020 年)》《中国制造 2025》等规划和意见,其中均明确提出中国将大力发展现代制造服务业,促进现代制造业与服务业的有机融合与互动发展,以"高端装备制造"为主线,以"绿色制造、服务增效"为支撑,突破前沿技术和关键核心技术,促进传统制造业的优化升级,推动制造业从"生产型制造"向"服务型制造"的转型。推进现代制造服务成为国家"十三五"制造业信息化科技工程的主题,成为推动中国工业化和信息化融合发展的重要举措,这些规划和战略有力地推进了服务增值战略在中国制造企业的推广和应用。

在全球制造业发展趋势的拉动下,在中国政府加速企业转型升级政策的推动下,国内已有较多企业认识到促进现代制造业与服务业的有机融合与互动发展的重要性和迫切性。许多企业和地方政府迅速行动起来,联合推动企业的转型升级与服务增值。例如,上海、浙江、江苏、北京、青岛等多个地区正在推动建立具有区域优势的生产性服务集聚区,培育了一系列公共实体服务平台和公共信息服务平台,推动了生产性服务在该地区的快速发展[6,11]。以陕鼓、三一重工、华为等为典型代表的制造企业纷纷确立"服务发展战略",通过服务增值来实现企业的跨越式发展。

总之,在制造产业的国际发展趋势以及中国当前企业迫切需求的推动下,以"制造服务战略"和企业提供"物理产品/产品服务"为核心的转型升级模式已成为当前产业发展与演化的主旋律。

1.2 国内外研究现状

1.2.1 制造服务的研究发展现状

中国学者和政府提出的推进与发展制造服务业,其概念是从生产性服务和产品服务系统两类服务演化而来的,是面向制造业的生产性服务和产品服务的集合体[6]。制造服务的起源要追溯到 20 世纪 60 年代。1962 年,Fritz 提出了生产性服务业的概念,他认为生产性服务业是知识产出的行业[12]。Greenfield 于 1966 年提出生产性服务是可用于商品和服务的进一步生产的、非最终的消费服务[13]。随后一些学者如 Browning 等[14]、Grubel 等[15]、Coffey[16] 开始对生产性服务进行研究。Park 等[17]、Shops[18] 通过研究,将生产性服务业与制造业的关系表述为协同发展、互为基础和推进动力的关系。Lundvall[19] 认为服务业与制造业的相互依赖关系正在逐步加深,并且这种趋势使得制造业和服务业之间的边界逐渐模糊起来,并出现一种逐渐融合为一的趋势。实践证明了学者的研究成果,美国、日本、德国等发达国家的制造业目前处于国际一流水平,生产性服务在服务业中的比重占 70% 以上。生产性服务业的发展是从产业学的角度来分析的,是面向生产过程和流通过程的生产辅助服务。然而,单纯卖物理产品的利润率越来越低,只有提高产品的附加值,通过向用户提供更多的消费型服务,企业才能取得更多利润[5,20]。因此,部分学者开始研究向用户提供的产品增值服务,即产品服务系统(product-service system,PSS)的研究[21]。PSS 是一种面向消费者的"物理产品/产品服务"的解决方案系统,实施 PSS 的目的是通过向用户提供产品增值服务来实现产品价值增值、节能与环境保护等[22]。生产性服务和产品服务系统的演化,使得企业必须通过产品全生命周期的增值服务来实现价值增值和战略转型升级,这就是企业实施制造服务的本质。

中国学者最先提出了"制造服务"的概念。张旭梅认为现代制造服务的内涵包含两方面:"服务企业面向制造企业的服务"和"制造企业面向客户的服务"。前者主要是指制造企业为打造核心竞争力,将其不擅长的业务外包,因而需要围绕制造业生产制造过程的各种服务,如技术服务、信息服务、物流服务、管理咨询与商务服务、金融保险服务、人力资源与人才培训等,即需要围绕制造业的生产性服务;后者主要是指制造企业对产品售前、售中及售后的安装调试以及维修维护、回收、再制造、客户关系等活动[23]。本书的观点和张旭梅的定义较为相似,认为现代制造服务是从生产性服务和产品服务两类服务演化而来,是面向制造业的生产性服务和产品服务的集合体[8,10]。本人提出："现代制造服务强调客户的个性化需求、交互与体验,企业采用现代计算机通信技术、信息技术、多媒体技术等新一代 IT 技术,对产品全生命周期的生产活动提供辅助性服务,以提高产品质量,降低产品成本,提高产品附加价值,满足客户的个性化服务需求,从而提高产品和企业的核心竞争力[8]。"现代制造服务是面向制造业的产品生命周期服务,包括产品全生命周期全过程中面向生产者及生产过程的服务和面向消费者及消费过程的服务。前者称之为面向制造业的生产性服务,后者称之为面向制造业的产品服务,两种服务之集合构成了现代制造服务[8,23]。产品全生命周期的制造服务归纳如图 1-2 所示。孙林岩提出了与制造服务相似的"服务型制造"的概念,他认为服务型制造是为了面向顾客效用的价值链中各利益相关者的价值增值,通过产品和服务的融合、客户全程参与、制造企业相互提供工艺流程级的制造流程服务、服务企业为制造企业提供业务流程级的生产性服务,实现分散化的制造与服务资源的整合、不同类型企业核心竞争力的高度协同,共同为顾客提供产品服务系统[3,7]。服务型制造与制造服务的共同点就是:企业通过增值服务来提升产品附加值和利润。目前,制造服务在我国还处于研究与推广的发展期。

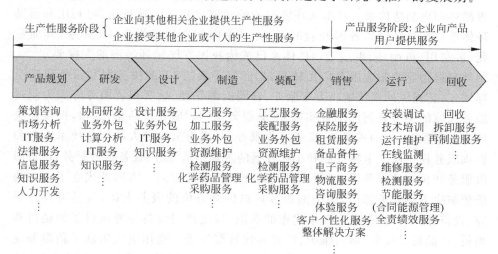

图 1-2　产品全生命周期的制造服务归纳

在制造服务的研究方面,孙林岩、李刚等提出了服务型制造的概念,研究了服务型制造的价值创造机理、产品模式、组织模式和运营模式等[7,24]。张旭梅等分析了现代制造服务的内涵和运营模式,提出了"官产学研"联合推进我国现代制造服务业发展建议[23]。谢鹏寿提出了发展新型的网络服务模式、搭建社会化技术服务平台等五种推进现代制造服务业的基本对策[25]。顾新建从产品全生命周期的角度分析了制造业服务化和信息化融合技术,分为产品全生命周期各阶段中的信息化制造服务技术与面向产品全生命周期的信息化制造服务技术两大类[26]。李伯虎、张霖、陶飞等提出了"制造即服务"的云制造服务概念与模式、制造云构建的关键技术、云服务组合关键技术等,已经构建了较为完整的理论与技术体系[27-29]。张卫提出了基于 XaaS(一切即服务)的制造服务链的技术体系,采用 Petri 网技术建立基本制造服务链的模型,制造服务链组装原理、调度优化方法等[30]。李浩等总结了现代制造服务的基本模式和系统结构,将面向制造业的生产性服务模式分为区域集群模式、生产服务提供商模式、分散型中小企业动态联盟服务模式和大型龙头企业服务模式;将面向制造业的产品服务发展模式分为制造商延伸服务模式、用户自我服务模式、产品服务提供商模式和集成运营服务模式。李浩等还提出了中国制造服务业的发展策略[6]。同时,Li 等提出了现代制造服务成熟度模型,该模型由四个阶段和两个水平组成,并提出了一种评价企业成熟度的方法,该模型有助于企业推进制造服务的实施[20]。这些理论、技术和实施方法的研究为制造服务应用、发展与成熟奠定了重要基础。

在制造服务的应用方面,20 世纪 90 年代,美国从产业角度建立了再利用、再循环和再制造体系。日本从环境保护的角度也建立了减量化、再利用和再循环体系。在总结世界各国经验的基础上,中国创造性地提出 4R 体系,即减量化、再利用、再循环、再制造,4R 体系已成为我国发展循环经济的支撑要素[31]。国外制造企业的制造服务应用较早,如西门子集团 IT 解决方案和服务集团全球领先,它提供的系统解决方案服务、合同能源管理、融资租赁服务等成为制造服务领域的典型案例。IBM 实施"产品服务化"和"服务产品化"战略,提供系统解决方案服务、主动式服务、设备远程服务等,成为全球最大的信息技术服务和咨询服务提供商。卡特彼勒和小松开展的融资租赁服务、设备租赁服务、设备回收服务和再制造服务等,引领工程机械企业的发展方向。康明斯成立了独立的能源解决方案业务部门,为柴油机客户提供全方位的服务支持,包括可行性研究、投资分析与融资、政府政策优惠的获取、发电机组设备与外围设备的销售和租赁、产品设计安装、运营维护、托管和代管服务等。通用电气实施了新服务战略,"技术+管理+服务"所创造的产值占公司总产值的比重已经达到 70%,所属的资本服务公司拥有全球最大的设备出租公司,还拥有美国第三大保险公司。罗尔斯-罗伊斯公司并不直接向用户出售发动机,而以"租用服务时间"的形式出售,并在规定的租用时段内,承担一切保养、维修和服务。波音公司、三菱重工、惠普、耐克、沃尔沃卡车等众多行业巨头,都是本领域制造服务的标杆企业[6]。总之,目前国内的制造服务应用以跟踪和学习国外领先企业为主。针对装备再制造服务,1999 年由徐滨士院士率先在国内提出并倡导开展再制造工程技术研究,提出了相关设计制造技术。总体来看,外国企业在汽车零部件、工程机械和机械装备领域的再制造发展较为成熟。目前,我国政府已提出多项专题规划和政策来支持装备和汽车等的再制造产业发展[32,33]。制造领域的许多领先企业认识了服务增值的必要性和发展趋势,并大力推进服务在产品生命周期中的价值增值,如海尔集团的制造业务外包,提供主动式服务,提出由"卖产品"到提供"信息化整体解决方案";青岛捷汽提供旋转机械远程在线监测及故障诊断服务;三一重工提供工程机械在线实时监控服务;陕西鼓风机集团提出并应用的项目总承包服务;柳工集团研发了智能型工程机械故障诊断和远程服务系统;杭氧集团提出从卖制氧机到供气服务商战略;徐工集团提出"从工程机械产品提供商向工程机械方案提供商转型";华为公司提出"产品化服务"战略,协助客户保障设备正常运行,满足客户的个性化和增值服务的需求;东方汽轮机提出基于产品生命周期的制造服务价值链[6]。

以"服务增值"为目的的企业制造服务已经上升到国家推进企业转型升级重要抓手的战略高度。然而,对于制造业转型升级来分析,单纯的推动制造服务固然有效,但制造业的产品服务与物理产品是相互融合与相辅相成的,物理产品是产品服务实现价值增值的载体。推进制造服务,必然要考虑到配套的物理产品设计与提供模式,在产品提供阶段的服务实施必然要影响到前期物理产品的设计,即物理产品设计过程中就要考虑后期的产品服务。因此,产品与服务需要集成设计、集成优化配置,才能发挥总体的最大价值增值优势。产品服务系统就是考虑"物理产品/产品服务"的一种新型价值创造系统[21]。

1.2.2　产品服务系统的兴起与广义产品的提出

1. 产品服务系统的兴起

产品服务系统的概念出现在 20 世纪 90 年代,Goedkoop 等[21]、Mont[34]、Manzini 等[35]、Brandstotter 等[36]、Wong[37]、Yang 等[38]、Tukker 和 Tischner[39]、Aurich 等[40]分别给出了 PSS 的定义,这些定义的共同点是 PSS 是一种面向消费者的"物理产品/产品服务"的价值提供系统。根据 Tischner 和 Tukker 的分类,PSS 分为面向产品的 PSS、面向使用的 PSS 和面向结果的 PSS[39]。

当前,针对 PSS 系统的研究方向主要包括 PSS 设计与开发(含 PSS 配置组合优化、模块化设计等)、生命周期仿真建模、知识管理、实施方法与工具、系统评价等。在 PSS 的系统开发方面,Meier 提出了工业产品服务系统(industrial product-service system,IPS2)是一个知识密集型的"社会-技术系统",需要集成和共同决策产品与服务的规划、开发、供应和使用,分析了 IPS2 在设计、开发、投递和使用等阶段的架构与方法,提出了 IPS2 的生命周期知识管理方法[41]。Sundin 和 Lindahl 等提出了集成产品与服务提供(integrated product and service offering,IPSO)的概念,从生命周期的视角来提供一个优化的产品与服务组合来满足客户需求,给出了大规模定制环境下的集成开发方法和工具,这些概念主要在瑞典和日本被引用和讨论[42-44]。Aurich 首先提出了 PSS 系统的模块化设计框架、原理和配置设计方法等[45-49]。顾新建等对产品服务系统理论和关键技术进行了归纳,提出了面向服务的产品设计方法体系[50]。Wang 和 Li 分别提出了 PSS 和集成服务型产品的模块划分方法[9,51]。针对 PSS 的配置设计,Aurich、朱琦琦、张在房、董明等,提出了各自的产品服务系统配置设计方法[40,52-56]。针对 PSS 服务设计冲突,Shimomura 等采用 TRIZ 方法来解决 PSS 服务设计过程中的冲突与不一致因素[57]。Garetti 等分析了生命周期仿真建模作为一种支持 PSS 系统设计的方法,并提出了一个参考架构模型[58]。针对 PSS 生命周期过程中大量的设计知识,Baxter 等提出一个面向 PSS 设计的知识管理框架和方法学,该方法学能实现设计知识、制造能力知识与服务知识的获取、表达和重用,并支持企业产品协同开发[59]。Zhang 等针对建造机械行业的 PSS 系统,设计开发了一个集成知识管理和重用系统[60]。从 PSS 系统实施角度,PSS 同样也需要一套方法学和工具集。欧洲的 MEPSS(methodology for PSS)项目从三个方面研究了 PSS 应用实施:①如何设计和实施 PSS 系统,提出了轻量化的 PSS 实施方案;②从人员、环境和利润三个维度来评估 PSS 创新能力,工具集包括 SWOT(strength,weakness,opportunity,threat)分析、LCA(life-cycle assessment)、LCC(life-cycle cost)、Storyboard 等;③开发和实施 PSS 过程中的成功和失败因素分析[61]。Yang 等提出了一个面向消费型产品 PSS 的实施方法,通过采用产品生命周期数据来支持实施[38]。针对 PSS 系统实施效果的评价研究,Sun 等提出了一种产品服务绩效评价方法,从时间、质量、成本、稳定性和可靠性等五个指标来评价产品服务网络[62]。Yoon 等提出了一个新产品的 PSS 系统评价方法,该方法考虑了服务提供商维度和客户维度[63]。

2. 广义产品的提出

从以上研究可以归纳如下,针对 PSS 的研究是一个系统("产品-服务"系统),研究主题涉及产品设计、仿真建模、知识管理、服务链、实施方法与工具、系统评价等;研究对象包括制造商、服务商、供应商、客户等;研究对象的周期不仅包括产品设计和服务设计,还包括供应链、系统运营等。如果从面向产品平台的模块化设计和大规模定制的角度来研究,主要研究模块划分、产品模块化平台构建、配置设计等。PSS 的研究面太广,不太适合将 PSS 作为对象进行模块化平台构建。基于此观点,祁国宁、纪杨建等在国家自然科学基金项目"广义产品的模块化平台理论、方法与应用研究"(2009 年度)中首次提出了广义产品的概念,课题组还在《计算机集成制造系统》期刊上明确了广义产品的概念[8]。广义产品是指:针对制造企业,在产品销售阶段,为满足客户的多层次个性化需求,向客户提供的"物理产品/增值服务"的多类型服务包。根据物理产品和服务在服务包中所占比例的不同,可以将广义产品分为纯物理产品、集成服务型产品和纯服务产品三大类[8]。

与传统产品相比,广义产品更注重服务在产品销售利润中的作用。因此,从广义产品的层次来看,销售纯物理型产品为最低层次,产品利润率最低;销售物理产品与产品服务的集成服务型产品是当前的主流模式,通过销售产品服务获取额外的利润;销售物理产品/产品服务是未来的产品提供趋势,是最高层次的广义产品(如图 1-3 所示)。

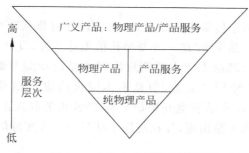

图 1-3 广义产品的层次结构

3. 广义产品与传统物理产品的区别

(1)产品组成与用途的变化

向客户提供的传统产品体现为物理产品,以产品的功能使用为目的。随着人们对个性化和服务需求的增强,由向客户提供物理产品转变为提供"物理产品/产品服务"的多类型服务包,用户以产品使用、服务质量和体验为目的,产品的组成和用途发生了质的变化。例如,传统的购买变压器,现在改为租赁变压器或购买电力服务等。

(2)产品供应周期的变化

销售物理产品的方式是个性化定制或物理产品的现场销售,在产品的销售阶段可以完成产品的供应,产品供应周期较短。而对于广义产品,由于客户对服务需求的多变性,用户在使用物理产品的过程中可以随时取消和添加服务,从而使产品供应周期从销售阶段延长到产品的全生命周期,一直到回收再制造。

(3) 产品评价指标的变化

对于纯物理产品,优良的产品为质量稳定、价格低廉和功能齐全。而对于广义产品,优良的产品为质量稳定、服务高效、成本最低和利润最大。产品的评价指标发生了较大变化。

(4) 价值体现上的变化

纯物理产品靠销售物理产品来实现产品价值,而广义产品的理念则主要靠产品全生命周期的服务模块来实现超额的价值增值。如手机,通过卖手机的利润已经非常微薄,而手机使用阶段的全生命周期服务(如通话费、短信费、软件应用费、网络费、维修费和其他增值业务费等)所产生的利润已超过手机物理产品利润的 30 倍以上。

1.2.3　广义产品模块化设计的研究现状

PSS 的设计不同于传统的产品设计,它的设计对象从单纯的物理产品转变为考虑"物理产品/产品服务"的一种新型价值创造系统,设计过程也更加复杂多样化。传统方案设计理论方法主要侧重物理产品的功能与结构建模及方案求解,研究体系虽然已经相对完善,但是不再完全适应 PSS 设计的要求。随着 PSS 的出现,国内外众多学者也开始研究与 PSS 相关的理论和方法,PSS 相关的新理论和方法成果不断出现,并且应用于项目和企业实际问题中。

1. 广义产品设计的研究进展

近年来,环境与可持续发展问题的日益严峻,同时,企业间价格战的恶性竞争使得单纯卖物理产品的利润越来越低,PSS 开始吸引工业界和学术界极大的兴趣,成为产品可持续发展的重要手段之一。PSS 系统设计是实现 PSS 的最重要环节,已成为 PSS 领域的研究热点之一。

学者们提出了一系列方法来支持 PSS 系统设计,如 Kathalys 方法[64],面向生态效益的服务设计[65]、SPSD 方法[66]、MEPSS[67]、PSS 开发向导[39]、产品-服务蓝图法[68]等。这些方法提供了 PSS 设计框架、开发过程和实施工具,对服务过程设计及 PSS 系统实施起到了重要作用。然而,上述方法在产品与服务的集成设计理论和关键技术等方面仍存在着不足。Aurich 并提出了一种面向生命周期的技术型服务开发方法,在可靠性驱动、功能驱动和使用驱动三种策略下来实现产品与服务的组合,并给出了相应的设计过程[45,46],提出了集成产品与服务设计的系统开发方法,包括产品设计过程、服务设计过程和集成产品/服务的设计过程,体现了产品与服务的交互式设计[47,48]。朱琦琦、江平宇等提出了数控加工设备的产品服务系统配置与运行体系结构,该框架包括配置子系统、调度子系统和服务支撑子系统,并进行了开发实现[52]。张在房、褚学宁等基于 PSS 的理念,提出了面向融合产品/服务的生命周期"完整产品"总体设计方案决策方法,并实现了基于通用物料清单的完整产品总体设计方案配置设计[53-55,69]。董明提出了一种大规模定制下基于本体的产品服务系统配置方法,基于产品服务系统的产品配置元本体,采用网络本体语言形式化和 Java 专家系统外壳推理机来实现产品服务系统产品的配置[56]。姜杰等通过 TRIZ 理想解的理想化水平确定 PSS 的进化路线,基于服务蓝图法和功能系统图方法建立产品服务系统功能模型,并采用功能激励方法作为进化手段,集成构建了一种产品服务系统创新设计方法[70]。

Chen 等提出采用平台设计理论来支持 PSS 的协同开发,利用卡诺模型对客户需求进行了预测。现有的产品和服务不是完全的创新设计,而是通过功能分解方法和模块化技术进行分析,以支持 PSS 的开发[71]。Ganjar 开发了一个基于模糊分类的仿真工具,可以评估一个汽车共享系统的服务模式的性能。期望这种方法能提供给汽车共享服务管理者们一个有用的工具,他们需要在现实的情况下实施服务之前找出最好的服务模式[72]。Li 等开发了一个称为动态联盟服务(DAS)的面向服务的架构,使参与者能够利用 SOM;在框架中开发了四种服务,使所有的 PNSS 利益相关者能够针对合适的产品解决方案做出有效和高效的 MOSP 决定[73]。Kreye 等提出了一种描述这些影响对投标策略的不确定性的概念框架。该框架可以找出影响的不确定性,对他们进行建模并描述它们对定价决策的影响,还提出了一个描述在招标阶段的不确定性影响定价决策的概念化框架[74]。李浩等提出了面向大规模个性化的产品服务系统(PSS)模块化设计框架,通过物理与服务的内部模块组合,实现客户需求的大规模、个性化、低成本与快速提供,提出了面向大规模个性化的 PSS 模块化过程与方法[75]。Fan 等提出了一种集成 QFD 和 TRIZ 的方法来帮助设计者开发 PSS 解决方案来满足客户的需求,这种方法被应用到数控机床的一个 PSS 案例来检验它的有效性[76]。Wu 和 Sarah 提出了一个在产品服务系统环境下的针对一队相同产品元的资产管理决策和针对闭环供应链的库存管理决策的一个综合模型,研究了在 PSS 环境下的共同操作的问题,提出了一个联合优化更换策略和库存管理策略的算法[77]。刘芳等从产品服务系统的构成元素入手,论述了产品服务系统商业模式,构建了产品服务系统商业模式的板块模型,分析了产品服务系统板块因素的特性,最后提出了选择产品服务系统商业模式的几个基本原则[78]。Li 等针对通用产品模块的大数据管理,首先给出了通用模块的定义、描述和分类,基于产品生命周期管理(PLM)系统的二次开发,建立了变压器的广义产品数据模型和模块化结构模型,满足云制造环境下通用产品模块化数据管理的需求[79]。Marilungo 等提出了一种集成的方法来支持 PSS 设计过程成为一个虚拟企业(VE),它已经被应用到一个真实的工业用例,说明了面向产品的制造公司如何能够以结构化的方式打开其创建 PSS 虚拟企业的战略远景[80]。李浩等提出产品服务系统实施方案规划方法学,包括产品服务系统实施类别确定和产品服务系统核心业务确定两个阶段,每个阶段由多个步骤和定量化计算方法组成,通过某矿山机械企业产品服务系统的实施对所提方法学进行了验证[81]。Li 等提出了一种为 PSS 服务解决方案层规划模块组合的方法,还提出了一种基于公用事业价格比的 PSS 模块组合方案评价方法,基于客户效用和 PSS 的生命周期成本,实现了一个包含客户满意度和服务使用之间的最大比率的解决方案[82]。Xie 等研究了如何在信息不对称的面向服务的制造(SOM)的供应链中有效提供产品服务系统(PSS)[83]。彭晓娜等从创新与传统的矛盾性、为健康设计的复杂性、用户体验的重要性和系统要素间的协调性四个方面,提出了系统中以"用户"为主体的产品服务与情感体验的融合,为用户营造健康、时尚的医疗服务体验[84]。李冀等定义了服务、服务型制造网络和产品服务链等概念,并从不同视角描述产品服务系统,运用复杂网络的理论,并以此构建了产品服务系统评价体系。该体系的建立为服务组织的检测、监控和优化提供了理论支撑[85]。Muto 等提出了一种基于软件工程方法和理论(SEMAT)的 PSS 设计准则,提出的指导方针为设计人员提供了 PSS 设计视角、设计过程中的里程碑以及管理设计过程的方法[86]。Li 等提出了一种支持 PSS 配置设计的双层协同优化框架,制定了服务配置的上一级优化问题和产品配置的下一级优化问题;提出了一种约束遗传算法求解双层优化模型,并以变压器 PSS 组态设计为例说明了双层协调组态的可行性和潜力[87]。

2. 模块化设计的研究进展

对于物理产品的模块化理论与方法研究,许多学者如 Suh[88]、Ulrich 和 Tung[89]、Pahl 和 Beitz[90]、贾延林[91]、Erixon 等[92,93]、Tseng 和 Jiao[94]、Stone 和 Crawford[95]、Ericsson 和 Erixon[96]、童时中[97]、Gu 和 Sosale[98]、Dahmus 等[99]、青木昌彦和安藤晴彦[100]、祁国宁等[101]、Mikkola 和 Gassmann[102]、李春田[103,104]、高卫国等[105]、Huang 和 Li[106]、侯亮等[107]、樊蓓蓓和祁国宁[108,109]已经建立了较为完整的模块化理论与技术。模块化设计的研究内容主要有模块化设计原理、模块划分方法、模块接口设计、模块配置设计方法、模块化评价等。这些理论与方法的研究成果,使得物理产品的模块化设计的理论基础更为成熟,推动了模块化设计的应用。

针对服务产品的无形性、易逝性和过程随意性等特点,大批量定制和模块化思想被学者们引入服务产品来实现规范化、标准化和批量化。Böhmann 等给出了通用的模块化 IT 服务架构的原理,并详细分类和描述了服务模块[110]。李靖华认为服务模块化包括内容模块化和过程模块化,不同模块间的接口较制造业模块化接口弱[111]。邓爽将金融服务产品模块分为结构模块、功能模块和基础模块三类,提出了基于模块组合的金融服务创新的基本特征和基本过程[112]。Moon 等提出了一个开发服务本体和设计知识重用的方法,采用一个“功能-过程”矩阵来识别服务功能与服务过程的关系[113]。李秉翰将服务流程区隔出可控和难以控制的模块,将服务分为核心服务、支持服务和额外服务[114]。关增产对模块划分与配置、基于服务蓝图等提出了面向大规模定制的服务模块划分方法[115]。Dong 等提出了大批量定制环境下基于本体的服务产品/服务包的配置方法,采用 OWL(ontology Web language)和 SWRL(semantic Web rule language)技术进行了实现[116]。Tuunanen 和 Cassab 研究了服务过程的模块化设计,能使服务过程族得到重用并组合出客户满意的服务产品[117]。Geum 等提出一个基于 QFD 的服务模块化框架,采用聚类分析法来实现模块识别[118]。学者们的研究使服务模块的划分、识别与配置设计由模糊与不确定性变得合理化和明确化。

3. 广义产品模块化设计的研究进展

近几年来,随着用户对产品和服务个性化需求越来越强烈,客户所需的物理产品与服务越来越具有明显的个性化和多变性特点,主要表现在物理产品的个性化、服务内容个性化与服务选择与使用的多变性[44,119]。随着 PSS 战略的出现,PSS 中的产品与服务的个性化和多变性必然造成企业在管理、设计制造和供应和实施等环节成本的增加[44],传统的模块化设计方法学需要扩展[47,48]。解决个性化与低成本矛盾的关键是实现客户需求的物理产品与服务的模块化,产品与服务的模块化战略可以应用于降低产品工程的复杂度[120]。因此,通过建立一系列标准的物理模块和服务模块,实现内部模块的少样化,降低生产成本和减少对环境的影响;通过模块化组合实现物理产品与服务外在的个性化和多变性,满足客户的个性化需求[121]。

为了提升产品与服务集成后的潜能,Aurich 在 PSS 领域首先提出了 PSS 系统的模块化设计框架、原理和配置设计方法,针对投资型产品,提出了一个两步骤的方法;建立了实现技术型 PSS 模块化原理,提出一个过程库用来设计和制造技术型 PSS,也用来选择和组合合适的过程模块[40,47-49]。Wang 在 PSS 并行模块化开发和理解物理产品与服务的关系等方面做了深入研究,提出了一个面向 PSS 的模块开发框架,认为模块化过程可以分为三个部分:功能性、产品和服务模块化,采用 QFD 方法与 Portfolio 技术实现了面向 PSS 的模块开发[51]。集成物理产品与服务的产品模块化设计中,理清物理模块与服务模块的关系以及交互设计过程是最难点和最重要点。对此,Li 等建立了广义产品模块化过程总体模型,并提出了一个三阶段的交互式集成服务型产品模块划分方法,将服务划分为功能性服务和非功能性服务,通过功能性服务理清了物理模块与服务模块的交互关系,实现了物理模块与服务模块划分的有机融合[9,121]。

目前,PSS 的模块化设计是实现 PSS 低成本和快速实施的有效手段,因此 PSS 的模块化设计已成为 PSS 领域的研究热点。

1.3 本书研究思路、目标与意义

1.3.1 研究思路

虽然众多学者在物理产品模块化、服务模块化、集成产品服务提供、广义产品、PSS 设计等方面进行了较深入研究,但仍然存在许多重要问题尚需解决,这些问题的解决将有助于推动 PSS 系统的高效实施。

1. 面向制造业的产品服务模块化设计理论与方法仍不成熟

现有的模块化设计理论和方法主要是针对物理产品,已经建立了可实施的、完善的理论技术体系。但是针对制造业的产品服务模块化设计理论与方法的研究较少,因为广义产品的服务并不再是传统的运输、维护维修等服务,也有更高层次的服务,如卖产品使用功能的租赁服务、卖产品功能结果的服务等。广义的服务模块划分必须考虑扩张和改进原有的模块化设计理论。

2. 物理产品与服务的关联关系在广义产品模块化设计中没有得到解决

在物理产品模块化设计过程中,现有的研究大多只是面向配置的物理模块划分和面向配置的服务模块划分。然而,对于物理模块的划分,必须要考虑到产品配置,同时还要面向服务进行设计;对于服务模块的划分,首先也要考虑到服务配置,同时也要考虑到面向物理模块的设计。物理模块与服务模块的相互影响导致了广义产品模块划分方法学与传统物理模块划分方法学的不同。而当前学者们对物理模块与服务模块之间的内在联系并没有描述清楚,也没有深入到机械产品设计、制造与服务的底层上去建立一套描述物理产品与服务的关联关系的模型。虽然作者已经初步提出了广义产品模块划分框架和集成服务型产品模块划分方法,但已提出的方法在模块划分总体模型、物理产品与服务的关联模型等方面仍不完善[9,121]。因此,如何对广义产品进行模块划分这个关键问题,仍需进行深入研究。

3. 物理模块粒度与服务模块粒度的一致性没有得到解决

在进行广义产品模块划分过程中,物理模块粒度必须和服务模块粒度一致。如何保证模块粒度大小的一致性,是至今未解决的难题。例如对于装载机,铲斗可设计为一个模块,但是从服务的角度看,模块粒度过大。因此经常出现由于铲齿磨损或折断而需要更换整个铲斗的情况,增加了服务成本。如果将铲齿单独作为模块化组件,在修复折断的铲齿时,只需要更换铲齿模块即可实现快速低成本维修。

4. 缺乏有效的支持广义产品模块化设计的数据模型

将服务进行模块化后,服务模块与物理模块属于同一层次的模块,伴随着产品生命周期而存在,甚至会影响到产品的演化。而现有的 PDM 数据模型仅仅考虑了物理产品的设计描述和状态变化,很难描述服务模块和服务过程技术状态变化。因此,必须建立一个面向广义产品通用的、合理的数据模型,否则难以实现广义产品的生命周期数据有效管理。

5. 缺乏有效支持大规模个性化定制的广义产品模块化设计平台

一个产品平台就是一组产品共享设计与零部件的集合,它们由复杂的交互关系关联形成一个基础架构。通过它能快速创造一系列新产品,并能持续满足和吸引特定细分市场的客户需求[109,119,122,123]。充分利用大规模生产的效率,通过引入增值服务来满足客户的个性化需求,通过产品平台可以实现多个细分市场的大规模快速的产品与服务集成配置[124,125]。到目前为止,还缺乏一个完整的、通用的和可操作强的广义产品平台来支持企业实施大规模个性化广义产品的实施。

基于以上五个方面的现状分析,本书以广义产品为研究对象,探索广义产品的模块化平台的若干理论和方法,主要包括模块划分、模块类别规划、模块化结构构建和优化配置设计等四个方面。其主要思想是:在分析不同产品中物理产品与服务间关系的基础上,研究广义产品模块划分与融合的若干关键理论与技术,以提高广义产品个性化设计的质量,降低广义产品的生命周期成本,并使企业获得可持续的利润。

1.3.2　拟解决的关键问题

针对广义产品,研究广义产品的模块划分与融合原理与方法。通过模块划分,实现系统内部各子系统的协调与统一;在广义产品模块化主结构构建与优化配置过程中,实现物理产品与服务的有机融合。拟解决的关键问题有三个方面,这也即本书的目标。

1. 广义产品内部模块化结构关联的作用原理

广义产品是三种类型产品(纯物理产品、集成服务型产品和纯服务产品)的广义统称,广义产品内部模块化结构关系的分析,必须从集成服务型产品的模块化结构分析出发。对集成服务型产品的模块构成、模块间的关联关系与作用原理的分析是揭示复杂集成服务型产品模块结构关系的关键,是研究广义产品模块化设计的基础。分析物理模块与服务模块之间的关联关系与作用原理,找出系统物理结构(模块、零部件)与服务结构(服务解决方案包、服务模块等)之间的影响规律,为建立广义产品的模块化设计过程模型奠定基础。

2. 广义产品模块划分过程与方法

由于广义产品的构成和用户对产品的需求点的变化,导致了广义产品的模块设计与传统纯物理产品模块划分方法不同。目前,还缺少一个能包容不同类型广义产品的、可操作的模块划分方法。本书将分析广义产品中物理模块与服务模块的交互式设计过程,提出用户需求、物理模块与服务模块一致性检验与消解机制与方法,建立广义产品的模块划分方法学。

3. 广义产品优化融合原理与方法

实现基于模块化平台的广义产品融合,需要一个合理的产品模型来支持,但是目前还缺少数据模型对广义产品生命周期中的变更进行一致性管理。首先,分析广义产品中物理模块与服务模块的融合过程,融合后的模块化主结构之间的关联关系,建立一个产品数据模型来描述广义产品模块化主结构。然后,基于配置主结构,通过物理产品模块与服务模块的双层优化配置,实现物理产品与服务之间的有机融合。因此,广义产品优化融合有两个方面的内涵:建立一个数据模型来支持物理模块与服务模块的融合;融合的另外一个层次是通过配置主结构的支持来实现满足用户个性化需求的优化配置设计。

1.3.3　研究意义

本书的研究内容涉及了当前产品模块化设计、制造服务、PLM、数字孪生技术等领域的前沿热点,期望通过融合多领域建立一套面向广义产品的模块化设计方法学。本书的研究意义如下:

1. 科学价值

针对三种不同类型的广义产品,通过研究零部件与服务的结构组成、物理与服务关联模型、模块冲突与一致性等问题,有助于发现广义产品内部服务模块、物理模块与模块化设计之间的影响规律。通过物理产品与服务关系模型的分析,建立一套广义产品模块划分与融合的理论体系,在服务配置过程中,实现物理产品与服务的有机融合,为广义产品模块化平台的构建提供理论依据。

2. 应用意义

(1) 广义产品模块划分与层次规划

本书提出的一个三阶段交互式的广义产品模块化设计方法,然后基于 Kano和结合分析法规划服务方案层模块和零部件层(含服务)模块,最终广义产品模块分为服务方案层模块与零部件层模块,为实现广义产品优化配置设计奠定基础。

(2) 广义产品的主结构构建

建立一个全面的广义产品模型以表达物理模块信息、服务信息,以及物理模块与服务关系的多种属性,为建立广义产品的模块化主结构提供依据。

(3) 广义产品的优化配置

广义产品的优化配置设计问题本质上是一个主从双层规划问题,上层主要从服务满意度角度形成服务模块化方案,下层基于生成的服务优化配置方案从零部件实现功能和性能。服务方案层与零部件层的双层协同优化,为实现用户的个性化与服务化需求提供了保障。

第 2 章　广义产品模块划分、融合的原理与技术体系

　　基于产品平台的广义产品模块化设计的根本目的是能快速、低成本的满足用户的个性化需求。建立广义产品模块化设计平台需要解决若干关键问题,如产品平台规划、模块划分、模块接口、模块化主结构建立方法、编码体系、配置设计等[124,125]。然而,广义产品与纯物理产品有较大区别,在产品提供形式、内容和价值体现上均有较大区别,比如在内容上纯物理产品扩展了集成服务型产品和纯服务型产品[121]。值得一提的是,现有的文献中也有专门针对传统的物理产品模块化设计可能是面向设计的、面向制造的、面向装配的、面向回收的模块化设计,是面向产品生命周期中的某个阶段[126],例如面向回收的模块划分方法[127]、模块化绿色设计等[128]。本书中提出的广义产品模块化方法与面向产品的生命周期设计方法有着本质的区别,面向配置的广义产品模块化设计是面向服务配置和服务便利性的。由于物理产品与服务之间存在密切的关联性,广义产品模块化设计过程应该是服务模块与物理模块交替循环设计的过程,直到物理产品和服务模块之间的粒度达到最优化[9]。广义产品的模块化平台能在产品提供阶段配置出用户所需要的"物理模块/服务模块"一体化解决方案,实现产品服务与物理产品的有机融合。在产品使用阶段,用户可自由更换服务模块,而物理产品结构可满足服务模块更换的需要,具有支持服务的可扩展性的功能。

　　基于以上分析,传统物理产品与集成服务型产品存在较大不同,传统物理产品的模块化结构设计与建模理论需要拓展。广义产品所形成的复杂模块化系统中蕴含一系列科学问题,如有形的物理模块和无形的服务模块之间内在关联关系是怎样的,模块之间如何实现有机融合等问题。解决这些问题需要建立一套新的模块化设计原理与融合方法体系。

　　本章研究广义产品模块划分与融合的原理、原则、过程模型等,并提炼出广义产品模块划分与融合技术体系。

2.1 广义产品

2.1.1 广义产品的形成过程

广义产品的形成是根据用户的需求而形成的。如图 2-1 所示,生产性服务阶段(产品形成阶段)和产品服务阶段(产品使用阶段)的分离是物理产品和广义产品形成的分界点。

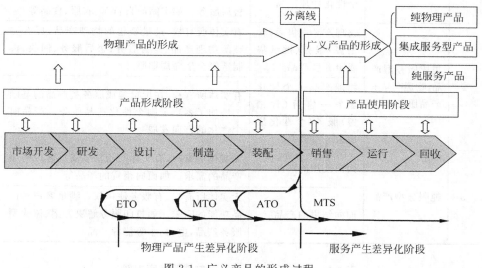

图 2-1 广义产品的形成过程

由于用户个性化需求的差别,在产品销售阶段,客户可以选择不同类型的广义产品;根据用户需求的不同,制造商定制或者配置不同类型的物理产品;在提供不同生产模式(ETO、MTO、ATO、MTS)的广义产品时,物理产品与服务均会产生差异化。在销售、投递、运行和回收等阶段(产品服务阶段),根据用户的不同需求,产品服务会产生差异化。产品服务阶段的广义产品是面向客户需求的整体解决方案,其中物理产品是服务的载体,服务可以实现物理产品的价值增值。

2.1.2 广义产品的分类

产品广义化之后,从用户角度划分,可将广义产品分为纯物理型产品、集成服务型产品和纯服务型产品,具体分类和特点见表 2-1。从制造服务商角度划分,分为纯物理型产品和集成服务型产品(见表 2-2)。

表 2-1　广义产品的分类——用户视图

序号	广义产品层次	广义产品名称	特　点
1	纯物理型产品	批量物理产品	有实体所有权。用户购买物理产品,不涉及产品售后服务的产品;或者维护服务已成为独立产业。一般为大众消费型产品,技术含量较低的机械产品。如普通食品、药品、自行车、衣服等
		个性化物理产品	有实体所有权,用户可以个性定制产品,但无售后服务。如定制的自行车、衣服、食品等
2	集成服务型产品(物理产品＋产品服务)	物理产品＋售后(含销售)服务(批量集成服务型产品)	有实体所有权,批量销售的物理产品,拥有完整的物理产品、销售服务、售后服务、回收、再制造等全生命周期服务
		物理产品＋个性化服务＋售后(含销售)服务(个性化集成服务型产品)	有实体所有权,在批量集成服务型产品的基础上增加了客户定制个性化产品服务。产品向个性化的方向发展
3	纯服务型产品	面向使用的产品	无实体所有权,有实体使用权。满足客户使用产品的需求。如面向租赁的产品等
		面向结果的产品	无实体所有权,有服务使用权。满足客户对产品功能的需求。如打印服务解决方案、体验型服务产品,电力、水等能源产品

表 2-2　广义产品的分类——制造服务商视图

序号	产品层次	产品名称	特　点
1	纯物理型产品	物理产品	制造服务商向用户转移物理产品所有权,无产品服务或仅保证产品保修服务
2	集成服务型产品	"物理＋服务"型产品	制造服务商向用户转移物理产品所有权,向客户提供销售服务、售后服务、回收、再制造等全生命周期服务
		租赁型产品	制造商有实体所有权,通过物理产品的出租向客户提供产品使用服务
		功能服务型产品	制造商有实体所有权,通过定期保养和维护物理产品,保证产品的正常运行,向客户提供产品的使用功能与服务

如表 2-1 所示,根据用户视图,集成服务型产品是一种向用户销售"物理产品+产品服务"服务包的统称。如表 2-2 所示,根据制造服务商视图,集成服务型产品是一种向用户提供物理产品使用权或所有权,同时提供相应的产品服务的产品。因此,不管从何种角度出发,集成服务型产品均是一种物理产品和产品服务的结合体,兼具物理产品和服务产品的特点,产品服务的价值增值已成为该类产品的重要利润源。制造商在接到客户订单时,不但要考虑面向服务的物理产品设计,也要进行服务设计。因此,集成服务型产品是当前产品销售的主流模式,是广义产品中最复杂的产品。

不同类型的广义产品,其利润或价值的构成来源不同。如图 2-2 所示,一些产品为纯物理产品,如锤子、扳手等工具,其价值来源完全是物理产品销售;飞机这种类型的产品,生命周期较长,金融、维护维修服务较多,55%左右的利润来源于产品服务;而对于纯服务型产品,如银行保险等,100%的利润来源为产品服务销售收入。

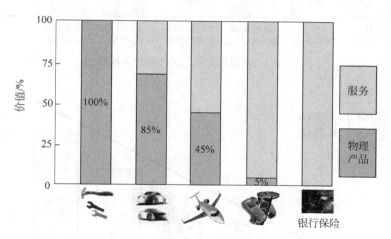

图 2-2　不同类型的广义产品[10]

根据表 2-1 和表 2-2 中的广义产品分类,面向不同对象的视图,其产品分类不同。对于面向用户的广义产品构成(图 2-3),个性化集成服务型产品阶段的产品构成最复杂,达到最大化。对于制造服务商视图(图 2-4),无论用户选择的广义产品是否有物理产品,服务商必须提供设备等物理产品才能实现用户的功能需求。因此,在面向结果的产品阶段,制造服务商要提供最大化的服务,同时也要提供相配套的物理产品来实现这些服务需求,这个阶段的广义产品构成最复杂。

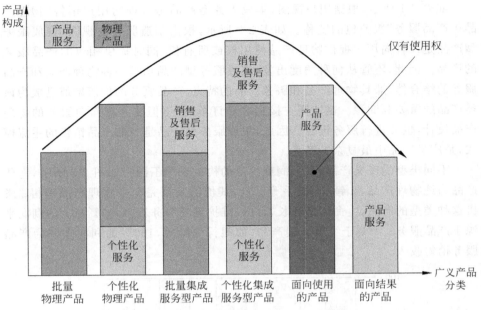

图 2-3　面向用户的广义产品构成演化

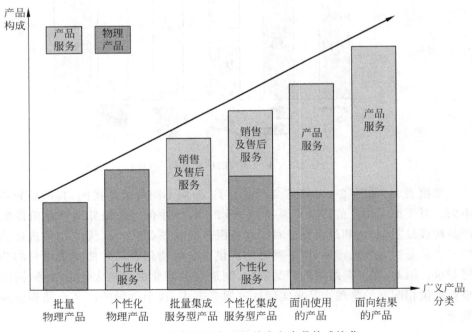

图 2-4　面向制造服务企业的广义产品构成演化

2.1.3　广义产品中的物理产品与服务关系分析

1. 物理产品与产品服务的层次性

物理产品与产品服务的层次性如图 2-5 所示,不同的物理产品层次与粒度,产品服务的类型也不同。随着物理产品粒度越高,产品服务的层次也越高,技术复杂度也越大。一般情况下,能执行服务层次和粒度越高的企业,其服务能力就越强,提供广义产品的能力就越强。一般情况下,产品层的产品服务提供能力是企业服务转型升级成败的重要标准。

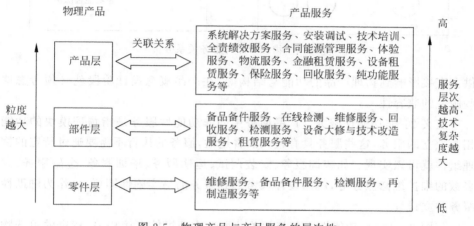

图 2-5　物理产品与产品服务的层次性

2. 物理产品与产品服务的关联关系分析

广义产品的物理产品与产品服务的关联关系分析要先从集成服务型产品的内部关系开始分析。集成服务型产品是由物理产品与产品服务构成的,物理产品与服务之间的关系可从产品结构角度进行分析(图 2-6)。根据服务与物理产品的关联程度,可将服务分成功能性服务和非功能性服务。

定义 1:功能性服务。功能性服务是必须通过特定的物理组件(或模块)的支持才能完成的服务,或者要改变传统的物理模块使得服务更容易低成本的执行,服务的执行要辅助物理组件,服务功能是由物理组件的功能而体现的。如特殊的维护维修服务、产品各部件远程监控、远程故障诊断、实时在线状态显示、部分类型产品的租赁服务(如杭州的公共自行车,需要增加一些物理模块来实现公共租赁服务,车锁、借还车等模块与传统自行车完全不同)等服务,这些服务的提

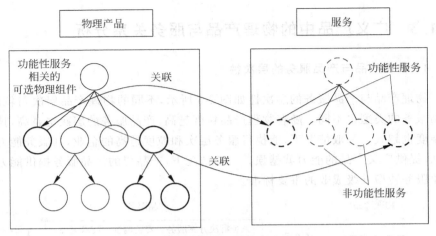

图 2-6　物理产品与服务关系分析

供会直接影响到物理产品的功能与结构等,在产品概念设计阶段就必须考虑这些服务的兼容性。

定义 2:非功能性服务。产品服务中的非功能性服务是指物理模块的功能相对独立的服务,这些服务具有较大的普适性,服务的执行不需要通过特定的物理组件就可以实现。如咨询服务、安装调试、运输服务、培训服务、金融服务、大多数的维护维修服务等,产品设计仅考虑到服务的易实施性即可,可作为辅助性服务独立设计。

如图 2-6 所示,功能性服务与相关的可选物理组件直接相关,特定的可选物理组件在装配到物理产品中的情况下才能开展此产品的功能性服务;非功能性服务能否开展与某一组件无关系。因此,广义产品的设计不但要考虑面向服务的物理产品设计,还需考虑基于物理产品的服务设计,是物理产品和服务的集成设计过程。

2.2　广义产品模块化设计平台

2.2.1　广义模块

1. 物理模块

很多学者给出了物理产品模块的定义[90,97,100],但目前仍没有统一的规范定义。物理模块的主流观点是青木昌彦对模块的定义,它认为模块是指具有某种确定独立功能的半自律性的子系统,它可以通过标准的界面结构与其他功能的半自律性子系统按照一定的规则相互联系而构成更加复杂的系统。模块是具有独立功能、独立结构的实体,模块间具有固定的接口[100]。

2. 服务模块

定义 3:服务模块。服务模块是一种功能独立的有形服务或无形服务的抽象体,它是通过物理模块和服务过程的互动来实现服务的功能。在服务模块的实现方式上,制造商经常以服务模块包的形式提供给客户。服务模块包是具有同类属性或可组合成解决方案的模块集合,作为一个子服务方案提供给用户。根据服务模块与物理模块之间的耦合程度,将服务模块分为功能性服务模块和非功能性服务模块[9,121]。

定义 4:功能性服务模块。功能性服务模块是功能性服务的模块化形式的体现。功能性服务模块是要有特定的物理模块支持才能完成的服务,与特定物理模块有紧密的关联关系。如远程监控服务,必须添加相应的监控物理模块才能实现。

定义 5:非功能性服务模块。非功能性服务模块是非功能性服务的模块化形式的体现。非功能性服务模块是指与物理产品没有严格关联关系的模块,而非功能性服务模块不依赖于某一特定物理模块,一般是具有通用性的产品服务,如安装服务、运输服务、金融服务等。

3. 广义模块

定义 6:广义模块。广义模块是能实现特定功能的独立物理结构体或服务过程,包括物理模块和服务模块。物理模块和服务模块的相同与不同之处见表 2-3。

表 2-3　物理模块与服务模块的比较

分类	子　类	是否有形	在广义产品中的稳定性	模 块 组 成
物理模块	物理模块	有形模块	物理模块的稳定性较好	由通用模块和专用模块组成
服务模块	功能性服务模块	有形模块	可根据用户需求随时添加和取消	需要专用物理模块支持
	非功能性服务模块	无形模块	可根据用户需求随时添加和取消	可以全部是通用模块(参数可能需要改变)

2.2.2　广义模块化设计描述

　　广义产品是在销售阶段根据客户的订单需求形成的,如图 2-7 所示。然而,在产品形成之前必须建立面向服务配置的模块化平台,通过该平台可以配置出个性化的广义产品。面向服务配置的模块化平台建立的基础是完成广义产品模块化设计与建立产品主结构。在客户需求、概念设计、详细设计等阶段,搜集客户需求,转化为技术特征和服务需求,服务需求包括功能性服务和非功能性服务,通过对其进行模块划分,形成服务模块主结构。物理产品的模块化设计需要对技术特征和功能性服务的分析,通过采取合适的模块划分方法,构建出物理模块主结构。最后,可通过关联规则建立广义产品主结构,形成面向配置的模块化设计平台。

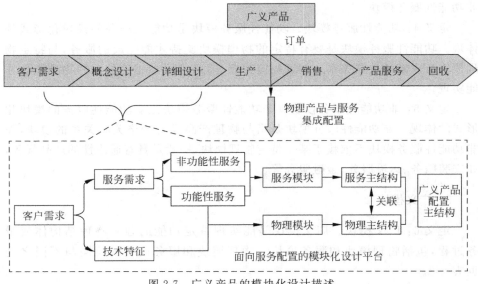

图 2-7　广义产品的模块化设计描述

2.2.3　广义产品模块化平台架构设计

1. 广义产品模块化服务系统

　　广义产品模块化服务系统由四个层次组成,分别为用户需求层、服务方案决策层、零部件层和实例实现层(如图 2-8 所示)。各个层次的主要功能划分如下。

　　(1)用户需求层:获取用户需求信息,并将这些信息进行分类,分别分为功能性服务需求和非功能性服务需求。

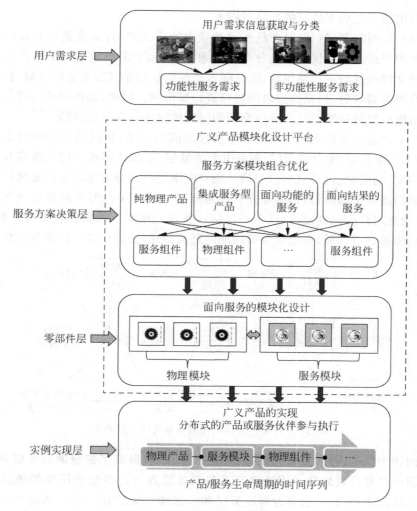

图 2-8　广义产品模块化服务系统

（2）服务方案决策层：广义产品是多种类型产品的统称，分别包括纯物理型产品、集成服务型产品和纯服务型产品（包含面向功能的服务与面向结果的服务）。服务方案层是满足用户需求的各种组件，包括产品型的组件，如物理产品组件、面向功能的服务组件、面向结果的服务组件、其他各种类型的组件。通过组合规划用户对这些组件的需求，可以得到用户满意度最高，同时制造商利润最大的服务方案。

（3）零部件层：零部件层是广义的零部件，包括服务组件。零部件层是由尽可能多的、能满足特定细分市场需求的物理模块与服务模块组成。零部件层的主要功能是根据服务方案层配置出的用户最优化需求方案，在配置设计系统

27

里配置出能制造成本最低的产品与服务。

（4）实例实现层：根据产品平台配置出的广义产品，实现实例的模块化供应。物理产品或服务伙伴可能分布在异地。另外，大多数服务模块不是在产品销售时立即配置给用户使用的，而是随着产品的使用出现需要维护维修、监控或技术升级等需求后，根据销售时的协议进行提供的。因此，实例层的实现是物理产品与服务组件按照广义产品生命周期时间序列进行有序的供给。

广义产品模块化服务系统的四个层次之间的关系，可以通过域映射来描述（如图 2-9 所示）。用户需求层、服务方案决策层、零部件层和实例实现层分别对应客户域、功能域、设计域和过程域。用户需求层与服务方案决策层是客户需求到服务功能需求的映射，在服务方案决策层形成满足用户需求的最优方案。然后，将功能组合传递到设计域（零部件层），实现功能需求的模块化设计。最后，将产品传递到过程域，通过全生命周期的过程传递，完成广义产品的服务提供。

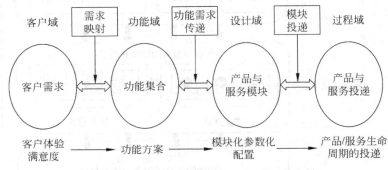

图 2-9　广义产品模块化服务系统四个域映射

由四个层次构成的广义产品模块化服务系统，形成了完整的服务链条：**需求获取→广义模块划分→模块化产品与服务配置→面向生命周期的模块化供应**。在这四个层次中，服务方案决策层和零部件层集成在广义产品模块化设计平台中，目的是形成最优化的广义产品。用户需求层为入口，实例实现层为出口，是广义产品模块化设计的输入与输出，也是不可缺少的部分。

2. 广义产品模块化平台的构成

广义产品模块化平台由一组广义模块（物理模块与服务模块）和相应的规则组成。在集成服务型产品平台上增加或替换一组专用模块（专用模块可以是物理模块，也可以是服务模块）而衍生出一系列广义产品的设计方法，称为基于产品平台的广义模块化设计。基于同一产品平台所衍生的一系列产品就构成了广义产品族。集成服务型产品族是一组广义产品，当对其参数化物理产品结构和参数化服务赋予确定值时,便可派生出一个产品实例。基于产品平台的广义模块化设计是实现广义产品的大批量定制生产方式的最佳途径之一。

广义产品模块化平台的构建由四个阶段组成。如图 2-10 所示,分别为规划模块化平台、建立模块化平台、管理模块化平台和应用模块化平台[129]。每个阶段均需要一些关键技术来支持,具体关键技术见图 2-10。广义产品模块化设计平台的最主要功能是管理模块、实现模块配置设计。本章主要从广义产品模块规划阶段、建立阶段和应用阶段中选择最关键的四个技术进行研究和攻关,形成以广义产品"模块划分→模块融合"为主线的研究思想。

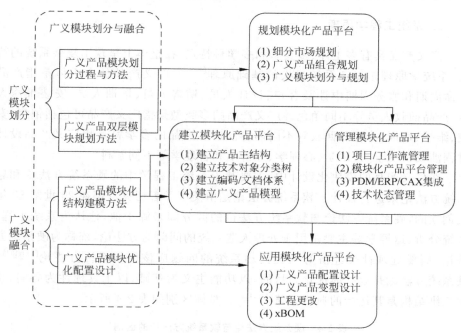

图 2-10 广义产品模块化平台的构成以及与本章内容的关系

2.3 广义产品模块划分与融合原理

2.3.1 广义产品模块化设计的基础原理

广义产品的模块化基本原理包括可持续性原理、系统工程学原理、层次性原理和相似性原理。

1．可持续性原理

广义产品模块化的目的是在向客户提供满意的解决方案，同时企业可获得持续的、更多的利润。例如，对于家具制造商来说，企业向客户提供的不是家具本身，而是向客户提供"需要的不是产品而是产品实现的功能与体验"的解决方案，从而企业可以随客户对家具的需求的增长而获得持续的利润增长。因此，在进行模块化设计时，要以服务可升级、服务可控制和服务可增值为目的，模块的主体已不再是物理产品本身，而是系统解决方案。

2．系统工程学原理

广义产品具有多主体、多类型和多学科特点，在整体上呈现出复杂系统的特性，系统学原理是复杂系统建模的基础原理[130]。广义产品的多主体是指产品生命周期和服务周期中涉及客户、设计人员、销售人员、培训人员、安装维修人员、产品回收人员等不同角色。广义产品的多类型是指广义产品可包括销售、安装、维护、培训、修理和回收等不同内容。广义产品的多学科是指广义产品设计过程涉及机械学、人因学、心理学、经济学和管理学等不同学科。

在广义产品的模块化设计中，主要基于系统工程学中的硬系统方法论和软系统方法论来进行设计。软系统方法论是由英国学者切克兰德在 20 世纪 80 年代创立的，硬系统方法论与软系统方法论的区分即来源于他，他认为系统工程、系统分析、运筹学等主要是用于处理人造系统的问题的方法论，统称为硬系统方法论，而要处理社会经济等人类活动系统的问题应该用软系统方法论[130,132]。硬系统方法论是以整体优化为目的，以功能主义为基础，以工具理性为导向，霍尔三维结构是其运行的典型思路[132,133]。具体区别如表 2-4 所示。

表 2-4　硬系统方法论与软系统方法论的区别

项目	硬系统方法论	软系统方法论
处理对象	技术系统，人造系统	有人参与的系统
处理问题	明确的良好结构	不明确、不良结构
处理方法	定量模型，定量方法	概念模型、定性方法
处理结果	要有优化、一元的、有明确的结果（系统）出现	多元的满意解，系统得到改进

物理产品的零部件之间具有明确的结构，是由物理组件构成的人造技术系统。因此，物理产品的模块化设计主要采用硬系统方法论。服务的无形性、随意性、人为参与性和环境的依赖性使得服务模块设计受外界人为环境影响较大。

因此,服务模块化设计主要基于软系统方法论。

3. 层次性原理

广义产品的模块化设计具有一定的层次性,如图 2-8 所示。广义产品模块化的实现分为用户需求层、服务方案决策层、零部件层与实例实现层四个层次。核心的层次为服务方案决策层与零部件层两个层次。用户通过方案层的决策优化选配出最佳组合,实现用户最佳满意度。然后通过模块层配置设计出能实现组合功能的产品。另外,产品服务也有层次性,如图 2-5 所示。不同的物理产品层次,产品服务的类型也不同。一般来说,系统解决方案服务、合同能源管理服务等层次较高,备品备件服务、维护维修服务等层次较低。企业可以执行服务层次的高低,是企业服务化强弱的重要表现。

4. 相似性原理

系统相似性原理指的是,系统具有同构和同态的性质,体系在系统的结构和功能、存在方式和演化过程中具有相同性,这是一种有差异的共性[134]。要通过充分识别和挖掘广义产品中的相似性。对于服务业务,相似性原理也可以很好地运用,例如运输服务、技术培训服务、维护维修服务、金融服务等,要把这些相似性服务业务构成标准和系列的模块,并用尽可能少的模块组成尽量多的多样化模块系统,以满足用户的个性化需求。

2.3.2　广义产品模块化设计原则——基于服务配置的设计原则

广义产品模块化设计的目的是向用户提供具有更多附加值的物理产品和增值服务解决方案,以满足用户以低成本获取更多优质服务的需求。同时,企业通过销售服务解决方案来实现提升产品附加值的目的。

基于此需求,通过广义产品的模块化设计平台,首先要保证能配置出多样化的、能满足用户需求的"物理产品/服务包"。因此,广义产品的模块化设计是面向服务配置的模块化设计(如图 2-11 所示),设计目的是实现物理产品与服务包的模块化。其次,为了便于用户在使用物理产品的过程中更换配置各种产品服务,物理产品的设计必须便于维护、维修和拆卸等,即广义产品模块化设计是面向服务的设计。面向服务的广义设计不但要使服务模块便于配置,同时还强调物理模块设计原则要便于服务配置、产品拆卸、维修和回收。

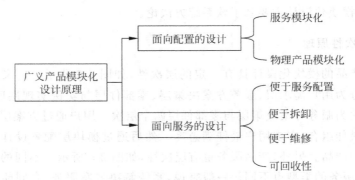

图 2-11　面向服务配置的模块化设计原则

2.3.3　广义产品模块化设计过程模型

1. 广义产品模块化设计主过程模型

（1）广义产品的模块化设计总体框架

如图 2-12 所示，广义产品的模块化设计主要包括三个阶段：广义产品模块划分与规划阶段、广义产品模块化主结构构建阶段和广义产品配置设计阶段。在广义产品模块划分与规划阶段，首先进行整体模块划分，然后进行模块粒度一致性评价、模块类别和模块层次规划等，产生服务方案决策层模块和零部件层模块。在广义产品模块化主结构构建阶段，主要研究广义产品建模方法，实现物理模块与服务模块的关联关系的构建。在广义产品配置设计阶段，是服务方案决策层与零部件层模块的双层优化配置的博弈过程，最终配置出用户满意度较大、制造商利润率较高的广义产品。

（2）广义产品模块化主结构构建过程模型

面向产品平台的广义产品模块化划分与主结构构建包括模块划分过程、编码体系建立、标准模块设计和构建主结构等过程，如图 2-13 所示。广义产品模块划分主过程由五步骤组成，分别为需求收集与分类、确定功能原理及结构、寻找原理方案及结构、模块划分、划分评价与规划等。在模块划分完成后，需要进行模块划分一致性检验与评价，并且规划服务方案层的模块和零部件层的模块，这一过程称为双层模块规划过程。双层模块规划的目的是建立不同类型广义产品（纯物理产品、集成服务性产品、面向功能的产品、面向结果的产品）中的模块由用户决策选择的还是由制造商决策的，以及允许用户决策哪些属性。规划后的广义模块产生了服务方案层和零部件层模块。在完成广

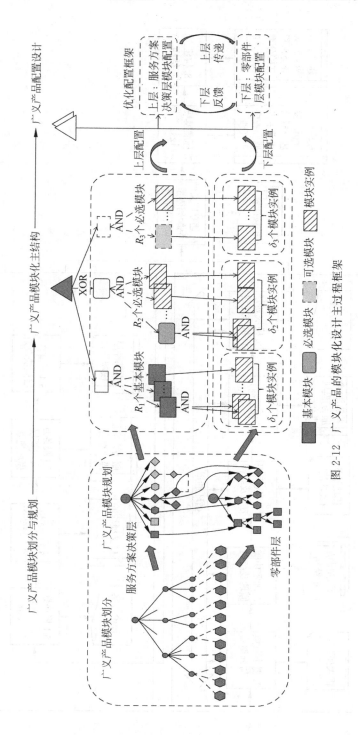

图 2-12　广义产品的模块化设计主过程框架

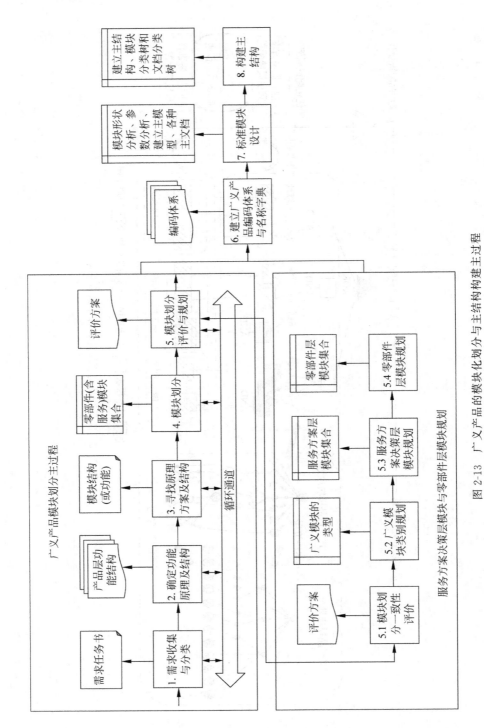

图 2-13　广义产品的模块化划分与主结构构建主过程

义产品方案层和零部件层的模块划分后,需要对广义产品进行编码,建立广义产品的编码体系和名称字典。然后,完成标准模块设计,建立广义产品模块化主结构。

2. 广义产品零部件层模块划分主过程

(1) 一个"服务-物理-服务"三阶段模块划分过程

针对物理产品与服务组成的广义产品,在面向配置的模块化设计过程中,需要研究系统(物理模块、服务、用户需求、环境)的功能、结构、子系统间关系(静态)。在模块划分过程中实现系统内部各子系统的协调与统一,在服务配置过程中,实现物理产品与服务的有机融合。

广义产品模块化设计的最终目的是满足用户的产品物理功能与服务需求,是基于服务配置的设计和面向服务的设计。因此,集成服务产品的开发需要服务与产品协同进行,这样可以避免考虑产品与服务相互影响的不足[51]。模块化设计中首先需要满足用户的服务需求,完成功能性服务的模块化设计;然后,根据服务模块化结果(主要是功能性服务模块和部分非功能性服务模块),对物理产品的功能结构进行分析,理清用户对产品的功能需求以及物理模块与服务模块之间的关联关系。根据面向服务配置的原则和面向服务的原则进行物理模块化设计,完成模块划分。最后,根据物理模块设计结果,改进和细化非功能性服务的设计,完善服务模块化设计。这就是三阶段的"服务-物理-服务"交互式的协同设计过程(如图 2-14 所示)。

(2) 物理产品与服务的循环式优化设计

三阶段的"服务-物理-服务"模块化设计过程可归结为"划分服务模块-划分物理模块-完善服务模块"的单循环过程。在模块划分过程中,服务模块化设计的约束目标是企业利润最大化和客户满意度,物理模块化设计的约束目标是功能与性能最优和成本最低。尽管在单次优化设计中能满足服务模块化设计和物理产品模块化设计的约束目标,但由于物理与服务之间有复杂的交互关联关系,单次循环设计后形成的总体模块化方案不一定是最优化方案,需要对总体方案进行评价。广义产品模块化方案需要从环境需求、服务需求、功能需求、性能需求和用户特点等方面综合评价系统总体目标是功能性能最优和利润最大化。在完成首轮评价发现方案不是最优化,内部模块之间有不一致情况或用户需求不能得到有效满足后,则需要进入更高一层次的循环设计(如图 2-15 所示)。直到得到能满足用户需求和约束目标的最优化方案为止。

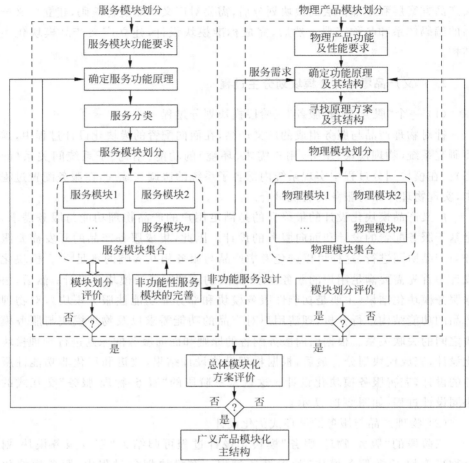

图 2-14   一个三阶段的"服务-物理-服务"模块化设计过程

2.3.4 广义产品模块融合过程与原理

1. 物理产品与服务融合的形式

企业为了通过物理产品的销售来提高产品附加值,必然通过销售更多的增值服务来提供产品利润率。从商业模式上来分析,企业采用的"物理产品/产品服务"的集成提供形式有多种。Shankar 等在 *Harvard Business Review* 上发表相关论文[135],归纳总结了产品与服务的互补性与依赖性分类,将产品与服务的集成融合形式分为四种,分别为:灵活性融合、安心型融合、多利益型融合和一站式融合,如表 2-5 所示。

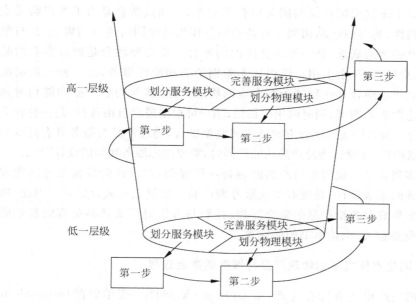

图 2-15　螺旋式的循环设计原理

表 2-5　产品与服务的互补性与依赖性分类[135]

产品层次	产品名称	特　　点	案　　例
产品与服务集成融合	灵活性融合	产品和服务本身高度独立（客户可以轻易地分开购买），却又高度互补（灵活组合能大幅提升其价值）	甲骨文公司的 Oracle on Demand 就能够让客户定制数据库软件及咨询服务
	安心型融合	互补性低和互相依赖低	公司能利用强大的产品品牌，吸引客户使用其无差异的服务，或者利用强大的服务品牌，吸引客户使用其无差异的产品。例如，奥的斯公司的客户相信奥的斯电梯的品质，因此觉得把维修保养服务交给它很放心
	多利益型融合	互补性高和互相依赖高，能提供给顾客众多附加功能和利益	TiVo 在数字录像机产品的基础上附加了许多广受欢迎的服务，如支持用户浏览 YouTube 视频、高清录像、下载音乐、视频点播等
	一站式融合	互补性很小且互相独立。这种类型主要着重于购物的便捷	公司只需在零售网点提供产品或服务，就能增加顾客消费。比如，许多发廊都同时销售美容美发产品

37

在 Shankar 提出的产品与服务融合类型上,一站式融合是为了客户购买或使用的便利性,将与该产品相似或互补的服务作为补充同时进行销售,产品与服务之间没有必然的联系,是一种最低层次的融合。安心型融合是通过企业的品牌效益、用户口碑等,吸引用户使用其无差别的非功能性服务,是一种较低层次的融合。灵活性融合是一种基于本企业的物理产品,将与物理产品功能相对独立的非功能性服务捆绑,同时向用户提供,用户可根据需求自由选择,是一种较高层次的融合。最高层次的融合方式是多利益型融合,物理产品与服务具有高度的互补性和依赖性,在设计物理产品功能的同时,需要考虑服务功能的设计[135]。

由于多利益型集成服务型产品的融合过程复杂,在设计阶段需要考虑物理产品与服务的集成设计,是所有集成服务型产品中最复杂的融合形式。因此,理清多利益型集成服务型产品的融合原理、过程与方法对广义产品的有效提供的研究具有重要意义,也是本书的研究重点。

2. 不同生产模式下的物理产品与服务的融合过程

常见的生产模式有库存生产(make to stock,MTS)、按单装配(assemble to order,ATO)、按单生产(make to order,MTO)和按单设计(engineer to order,ETO)[101,136]。

MTS:按照计划生产出产品存于库房,用户购买成品,没有零部件选配权。

ATO:客户对零部件或产品的某些配置给出要求,生产商根据客户的要求提供为客户定制的产品。生产企业备有不同部件并准备好多个柔性的组装车间,以便在最短的时间内组装出种类众多的产品。

MTO:根据顾客的订单设计制造顾客所需的产品,而生产计划则是依据所收到订单中所指定的产品 BOM 规划生产排程及购买原料,可以完全依据顾客的特殊要求制造其所需产品,用户可以选择自制零部件的型号、材质和颜色等。

ETO:在这种生产模式下,产品是按照某一特定客户的需求来设计、制造和装配的。

当产品演化到一定程度,可选的功能性服务变为必选模块,企业在大规模生产时,将功能性服务物理模块默认为标准配置。在用户有功能性服务需求的情况下,企业通过功能性服务的物理模块功能向用户提供增值服务。MTS、ATO和 MTO 等生产模式下的产品均可能包含有作为标准配置的功能性服务物理模块,以便于企业在产品运行过程中向用户提供增值服务。如图 2-16 所示,在销售阶段,MTS、ATO 和 MTO 等产品可以根据用户的需求配置上不同类型的非功能性服务模块,在服务运行过程中,可以更改或取消非功能性服务。

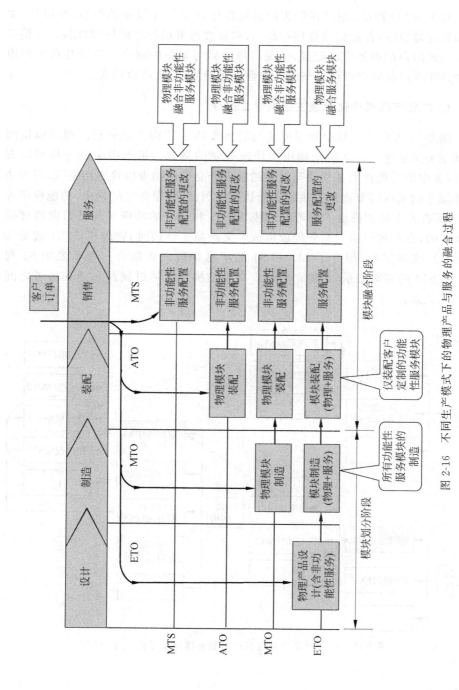

图 2-16　不同生产模式下的物理产品与服务的融合过程

对于 ETO 产品,用户在购买阶段可以选择功能性服务的类别,在设计、生产和装配等阶段,企业完成物理产品(含功能性服务的物理模块)的制造,在销售阶段完成用户的服务需求配置,实现物理产品与服务的融合。在这几种生产模式中,ETO 产品的物理产品与服务融合过程最复杂,难度也最大。

3. 广义产品模块化配置主结构建立原理

图 2-17 为广义产品中物理模块与服务模块主结构关系分析。理清模块间的复杂关系是建立广义主结构中模块间规则的基础。根据图中的分析可以看出,服务中的功能性服务模块与对应的物理产品中的物理模块密切关联,因为功能性服务的实现需要物理模块的功能执行。因此,在服务主结构中,功能性服务 S1 下面有若干物理模块。假若物理模块 S11 和 S12 的功能实现是面向物理模块 M1 的,在物理产品与服务集成形成广义产品主结构时,物理模块 X1 就是集成后的广义主结构,包含了 M1 和 S1 的所有物理模块集合。为了表明 S1 与 S11 和 S12 的特殊关系,在建立后的广义主结构中需通过属性来建立两者之间的关联关系。

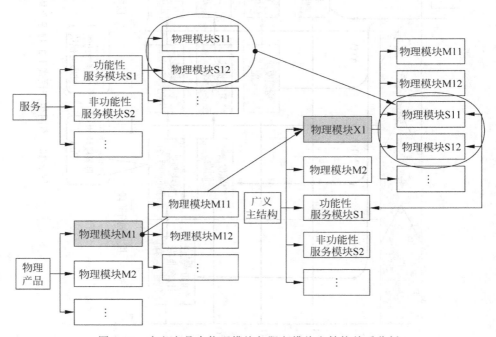

图 2-17　广义产品中物理模块与服务模块主结构关系分析

4. 广义产品模块化配置设计过程

广义产品的模块优化配置设计问题,是两个层次优化配置的过程,过程描述如图 2-18 所示。配置系统分为三个过程:用户需求获取、模块配置设计和获得个性化方案。第一个过程:根据用户需求(分为功能性需求和非功能性需求),企业销售人员将需求输入到广义产品模块化平台中。第二个过程:对用户需求进行服务层配置,即根据用户的需求进行分析、组合和优化,判断给用户配置哪种类型的组合更合适(纯物理产品、纯服务产品或集成服务型产品),最终的服务方案是一系列服务模块集合,以用户满意度最高为目的;根据用户最佳服务组合,企业配置物理模块进行物理功能实现,得到一系列物理模块。需要特别指出的是,服务层中的服务模块是一个抽象的概念,一切物理产品均是服务[27]。因此,这个层次的服务模块也可能是若干物理部件或模块。在第二个过程中,物理层与服务层是交互设计的,服务层的要求是用户需求的抽象,是物理模块设计的依据。同时,物理层设计的结果对服务层有反馈,要与服务层的结构性能要求相互比对,确定是否满足服务要求,形成一个反复迭代的循环过程。第三个过程即配置出客户所需的广义产品最优化的方案,实现企业与客户共赢。

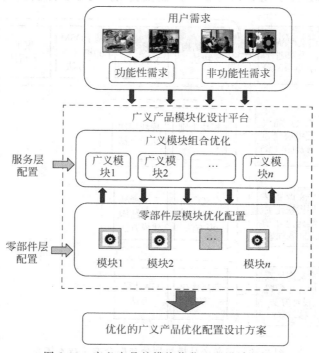

图 2-18　广义产品的模块优化配置设计过程

广义产品的模块优化配置设计本质上分为服务方案层决策和零部件层设计这两个不同的层级,具有一种主从关联结构。两者的优化目标也具有层级的区别,服务配置是以整个产品需求的用户利益为优化目标,一般会从用户满意度的角度出发,追求客户利益最大化;而零部件层模块配置设计主要从广义模块配置的技术层面考虑,追求每个具体模块的技术性能最优和成本最低。因此,在双层配置设计中,服务方案层模块配置是处于主的地位,而零部件层模块配置设计要依赖于服务方案层模块配置情况,处于相对从属的地位。但其优化的结果也会对服务方案层模块配置产生影响和约束,它们之间是交互循环的关系。

2.4 广义产品模块划分与融合技术体系

广义产品模块化产品平台的实现过程是一个复杂的系统工程,这需要合理的技术体系的支撑才能实现。由于本节主要研究广义产品模块划分与融合的问题,因此,本节建立了图 2-19 中广义产品模块划分与融合方法技术体系。

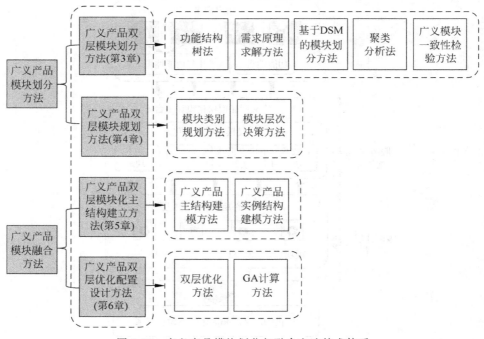

图 2-19　广义产品模块划分与融合方法技术体系

广义产品模块划分方法由广义产品模块划分方法与双层模块规划方法组成,这两种方法分别是由一系列子方法组合形成的方法学。广义产品模块融合方法包括广义产品模块化结构建立方法和优化配置设计方法。前者需要建立广义产品模型,分别包括广义产品主结构模型与实例结构模型;后者是基于双层规划的广义产品优化配置设计方法,通过双层优化理论来实现优化配置设计。

本章介绍的这些关键技术为广义模块化平台的实现提供技术支撑,它们融合了产品设计、产品数据管理、优化理论等多种理论基础,有效解决了广义产品的模块划分与融合难题。具体方法的建立及实现在第 3~6 章展开。

第 3 章　广义产品模块划分方法

产品模块的划分是模块化设计的关键环节,围绕传统的纯物理产品模块划分,国内外学者进行了大量研究。最经典的几种方法为基于产品功能结构方法[137]、基于模块驱动方法[93]、基于相互作用图和模糊神经网络方法[138]、综合考虑功能和生命周期设计目标相互关系方法[139]、基于产品功能结构中功能流方法[140,141]、基于质量屋矩阵方法[142]、基于复杂网络方法[108]、基于图分割方法[143]、综合考虑 LCOPs(life cycle options)、几何灵活性方法[144]和基于公理设计与模糊树图方法[145]等。在针对产品生命周期各阶段的研究方面,Gu 和 Sosale[98]及 Tseng 等[146]面向产品生命周期进行了模块划分,更便于设计[137,147],便于生产和装配的改进[148,149],便于售后服务,便于产品升级、回收、重用和处理等。唐涛等[150]、黄海鸿等[127]、Tseng 等[146]和陈小斌[151]从装配、维修、回收、升级和绿色属性等角度进行零部件的相关性分析,然后聚类为模块。以上针对物理模块的模块划分,已经形成较为成熟的方法体系。

然而,从传统物理产品的研究扩张到广义产品后,由于增加了服务,使得产品设计过程中物理与服务互相影响。因此,传统的物理模块划分方法学需要拓展[9]。针对服务模块划分的方法研究较少,已经提出的有 QFD 方法[118]、服务蓝图法[115]等。在实现物理与服务模块的集成划分方面,Wang 采用 QFD 方法与 Portfolio 技术实现了 PSS 的模块开发[51]。然而,理清物理模块与服务模块的关系以及它们之间的交互设计过程是最难点和最重要点[9,121],目前仍需深入研究物理与服务之间的关联关系。本章给出了服务模块与物理模块的划分原则及相互影响关系,提出了一个三阶段的交互式广义产品模块划分方法,并提出广义模块粒度一致性检验方法,实现广义产品的模块划分的合理化与粒度一致性。

针对产品模块化设计过程中模块冲突难题,谢庆生等针对产品模块化创新设计过程,采用 TRIZ 分块冲突矩阵,解决模块划分过程中模块功能或结构冲突难题[152]。然而,在 PSS 模块化设计中,增加服务模块,使得模块冲突因素大大增加。为此,针对 PSS 设计中的冲突难题,Shimomura 和 Hara 提出了一个识别模块冲突的详细过程,并基于 TRIZ 原来验证了过程的合理性[57]。以上研究成果明确了模块冲突识别过程和解决方法,并将识别范围扩展到服务模块。然而,以上针对跨物理与服务模块的交互式冲突解决方法仍需要扩展。在 PSS 的交互式模块化设计中,冲突的形式以及对象变得更为复杂,如用户需求、物理模块之间、服务模块之间、物理与服务模块之间可能存在诸多冲突[153,154]。这些冲突的解决在 PSS 系统规划和模块划分时就要考虑,以确保 PSS 系统规划与模块粒度的一致性和有效性。然而,保证物理模块与服务模块的粒度一致性是实现面向用户配置的模块化设计的难点。虽然作者在前期研究中提出采用"Top-Down"和"Bottom-Up"方法来实现集成服务型产品的模块化设计[9],但并没有涉及划分后如何评价粒度一致性的检验方法。

3.1　广义产品的模块划分准则

3.1.1　服务模块划分准则

服务的模块划分是面向配置的划分,划分的最终目的是实现服务的快速提供和"即插即用"。在面向配置的服务模块划分过程中,必须对配套的物理产品模块、服务时间、服务费用、服务资源、服务人员和服务组织等全面考虑,保证服务的易实施性和高效率[115,155,156],具体准则包括功能独立性原则、弱耦合性、面向服务(维护、维修与再制造)的原则和面向物理产品模块的原则。

1. 功能独立性原则

功能独立性是模块的最基本特征,是一个功能对应于一个服务模块,功能与服务模块之间有严格的 1∶1 关系,具有无二义性。如一个备品备件对应一个服务模块[91,97]。

2. 弱耦合性原则

弱耦合性原则即服务模块之间的关联关系是弱耦合,而服务模块的内部强耦合。如变压器安装服务,整个变压器安装过程是一个时间和过程连续的整体,具有较高的内部集聚性;而其他变压配套设备安装服务,如低压电器安装服务也是一个独立模块,变压器安装服务与低压电器安装服务之间为弱耦合[115]。

3. 服务模块粒度适中原则

服务模块粒度太大,费用较高且不容易满足客户的个性化服务需求;服务粒度太小,容易满足客户个性化服务需求,但制造商难以获取较高利润。

4. 面向服务(维护、维修与再制造)的原则

模块划分要面向服务的原则主要是指在产品维护、维修、拆卸和再制造等过程中,要便于服务实施、物理兼容性、服务收费与管理等[112,115,114]。主要体现在以下三个方面。

(1)服务模块的同类性:将具有相同特性的服务归纳到同一服务集合中,组成一个模块,形成"类"服务模块,如维修服务中的主要部件维修包。

(2)服务模块的连续性:在某一段连续时间或特定阶段内的服务过程称为一个模块,以便于服务实施、收费与管理。过程型服务模块具有时间或过程的连续性,如某润滑油公司的全面化学品管理模块、全责绩效服务模块等。

(3)服务模块的兼容性:某些服务模块的实施需要辅助的物理模块来实现(即功能性服务模块),在服务模块划分时需要保证配套的物理模块与物理产品的相互兼容。如监控服务需要划分成多个子模块,每个子模块对应于一个物理模块来实现监控服务功能,这些子物理模块与物理产品有较好的兼容性。

5. 面向物理产品模块的原则

服务模块的设计要面向物理产品,服务模块的划分要与物理产品的模块划分一致,以便于服务模块的实施和物理产品的拆分。如产品维修、回收和再制造过程中,需要进行物理产品拆分。因此,服务模块的划分要能便于物理产品可以快速和保质量的模块拆分和维修。

3.1.2 物理模块划分准则

物理模块的最重要特性是功能独立性和结构独立性,并且模块间具有固定的接口[90,100]。具体划分原则如下[90,97,103,104]。

1. 功能独立性原则

物理产品设计所产生的模块着重考虑对应功能需求的实现,因此,功能独立性原则是模块最重要特性。一个功能子集对应于一个物理模块,其关系为 $1:1$[100]。

2. 弱耦合原则

弱耦合特性的标志是模块内各零件间彼此结合的程度高,而模块间的结合强度弱[90]。耦合准则主要包括四个方面:结构交互准则、能量交互准则、物质交互准则和作用力交互准则[91,97,107]。两零件之间的这四种交互作用越大,内部耦合性就越大,两个零件越应划分在同一模块中。

3. 模块粒度适中原则

模块粒度大小要适中。模块粒度越大,越有利于整个产品的组装,但组合出的产品类型越少,难以满足用户的个性化和多样化需求[97]。模块粒度越小,越有利于产品定义和开发,有利于满足用户需求的满足;但随着模块数的增加,模块之间的接口也随之增加,加大了整个产品系统的复杂度,使得模块在组装成产品过程中消耗的时间增加,也增大了系统不确定度。

4. 面向服务的原则

面向服务的原则包括两层内涵,即面向服务配置的原则和面向服务设计的原则。

(1) 面向服务配置的原则。广义产品是面向服务增值的产品,保证产品中的物理模块能适应服务模块配置的改变而新添加或减少。

(2) 面向服务设计的原则。物理产品的设计过程中,应考虑产品更新换代(升级服务)、便于拆卸维修、便于回收再制造等。因此,可将面向服务设计的原则细分为以下三个子原则[127,150]。

1) 升级性。因部分模块升级而更换整个部件或产品,会增加服务成本,降低资源利用率。如果将未来可能升级的零件放在一个模块中,在升级时直接更换这个模块,可以在提高产品的市场竞争力,减少开发时间和成本的同时可减少对环境的不利影响。

2) 维护性。不同模块有不同的维护频率、维护要求和技术复杂性,要尽可能将维护频率、维护要求和技术复杂性相同的零件放在一起作为一个模块,这样可以有效地对模块进行运行监控和维护[155,156]。

3) 回收再制造。产品设计阶段应尽可能将相容或相同性质(如有毒、有害)的材料划分在同一个模块中,以方便材料分拣、产品拆卸和回收服务[157,158]。

3.2　一个三阶段的广义产品模块划分过程与方法

3.2.1　广义产品总体划分过程与方法

基于"服务-物理-服务"交互式的协同设计原理(图 2-15),广义产品模块划分过程是一个服务模块划分与物理模块划分交互的过程,物理模块与服务模块之间相互影响和制约，基于质量功能矩阵的模块划分过程主要分为三个步骤(图 3-1)。将"服务-物理-服务"模块化设计过程命名为三个步骤，依次为：基于"Top-Down"的服务模块划分过程、基于"Top-Down"的物理模块划分和基于"Bottom-Up"的服务模块划分过程[9]。根据以上提供的模块划分步骤，完成物理模块与服务模块的划分。

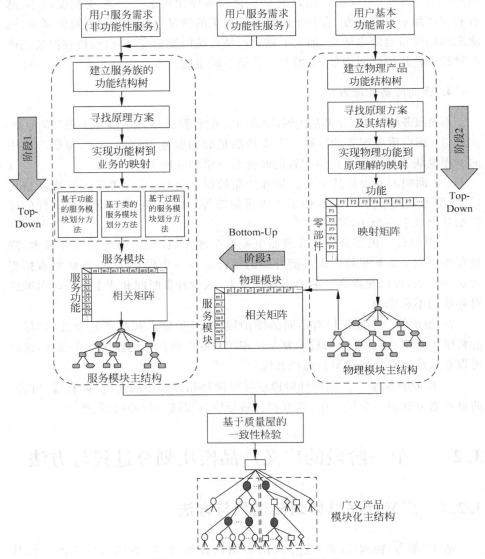

图 3-1　广义产品模块划分过程模型

（1）在"Top-Down"的服务模块划分过程中,模块划分是按照"服务需求域-服务功能域-服务模块域"的映射过程来实现的,是一种自上而下的过程。首先,分析服务功能,建立服务功能树,将其映射为服务业务;然后,把服务之间的相关性分为功能相关、类相关和服务过程相关,并建立综合相关性矩阵,通过计算服务间的相关度,使划分出的模块之间能够最大限度地满足各方面的需求,实现服务模块的划分。

（2）基于"Top-Down"的物理模块划分。在广义产品中,物理模块划分的基本原理是通过"客户需求域—功能域—结构模块域"的映射来实现,是一种自上而下的过程。

（3）基于"Bottom-Up"的服务模块划分。一些服务模块如保修服务、备品备件服务等,与特定的物理模块关联度较高,在物理产品设计完成之前无法准确确定具体服务内容。因此,必须在物理模块设计完成后,根据物理模块来确定具体服务模块,这是一个从下到上的过程,因此称为"Bottom-Up"方法。

3.2.2　基于"Top-Down"和"Bottom-Up"的服务模块划分过程

1. 广义产品需求获取与分类

由于服务需求获取和分类与物理产品需求获取和分类必须一起完成才能基于需求分类进行物理模块与服务模块的划分,因此本章将服务需求与物理产品需求统一起来进行分析与讨论,即广义产品需求获取与分类。

（1）广义产品客户需求挖掘与分类的原因

1）在物理产品模块化设计与服务模块化设计初期,需要广泛收集用户需求,使得产品的设计能完全满足用户的功能性能需要和服务需求。然而,在物理产品设计的需求和服务设计需求中,有些需求是互相重合的,需要挖掘和详细分类,以避免重复。

2）在用户需求中还可能存在各种不合理之处,而各方面的需求也可能产生冲突[159]。

3）物理产品模块化设计是面向服务的设计,需要考虑用户的服务需求;而服务模块化设计是和物理产品的设计交互进行的,需要基于物理产品进行模块化。因此,物理产品和服务的设计需求均包括功能、性能、环境、服务等需求。

4）模块划分是否最优化,主要评价依据是能否满足用户的各种需求。因此,为了能科学客观地评价模块化方案,需要建立完备的、合理的客户需求分类体系。

(2) 广义产品服务需求获取方法

广义产品服务需求信息主要包括三个部分:顾客对产品需求的描述、各项顾客需求的重要度,以及顾客对本公司产品和市场上同类竞争者产品的各项需求的满意度。其中顾客对产品需求的描述是定性的需求信息,后两部分属于定量的需求信息[159,160]。广义产品需求收集主要包括四个步骤。

1) 合理确定调查对象。广义产品的调查对象包括该物理产品以及物理产品相关的产品使用生命周期的服务。不仅要考虑外部顾客(调查对象包括本公司的顾客以及竞争对手的广义产品顾客)的需求与市场,还要深入调研企业内部各部门,包括服务部门、商务部门、企业高层等。确保企业有能力提供与运营规划的各种广义产品业务。

2) 确定合理的调查方法。定量的顾客需求信息通常通过调查表来获取,根据调查对象设计调查表,完成所需数据的调研。

3) 进行市场调查。按照选定的调查方法和设计的调查表进行市场调研。

4) 顾客需求的整理。采用 Kano 模型对调查获得的所有信息资料进行整理和初步分类。Kano 的质量模型将顾客需求分为基本型需求、期望型需求和兴奋型需求,如图 3-2 所示[161]。

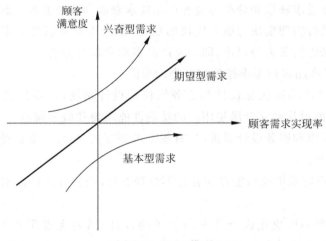

图 3-2 Kano 模型

① 基本型需求是顾客认为在产品中应该有的功能或需求。一般情况下,顾客是不会在调查中提到基本型需求的。如果产品没有满足一些基本需求,顾客

就很不满意；相反，当产品完全满足基本型需求的时候，顾客也不会表现出特别满意。

② 期望型需求，市场调查中顾客所讨论的通常是期望型需求，在实际产品中实现的越多，顾客就越满意。以汽车为例，驾驶舒适和耗油经济就属于期望型需求。

③ 兴奋型需求是指令顾客想不到的产品特征。如果产品没有提供这类需求，顾客不会不满意；相反，如果产品提供了这类需求时，顾客对产品就会非常满意。

（3）广义产品需求分类方法

本书基于 KJ 方法实现需求分类。KJ 法，又称归类图法，是日本学者川喜田二郎提出的一种质量管理方法。KJ 法针对某一问题，充分收集各种经验、知识、想法和意见等语言、文字资料，按其相互亲和性归纳整理这些资料，求得统一的认识和分组[162]。在对广义产品服务需求进行收集与分类过程中，可以将 Kano 模型与 KJ 法集成起来进行需求分类。第二个层次是 Kano 模型的三种不同类型需求（基本型、期望型和兴奋型），而第三层次是每种类型需求的集合[159]。

基于 Kano 模型与 KJ 法的广义产品服务需求分类如图 3-3 所示。经过大量统计分析，广义产品分为四种类型的产品，其中纯物理产品和集成服务型产品为基本型需求，面向功能的产品为期望型需求，面向结果的产品为兴奋型需求。在第三个层次，每种类型产品需求的集合是不同的。如客户对集成服务型产品的需求是由物理功能和服务功能组成，而对于面向结果的产品，客户只关心所需要的服务功能，而不关心物理产品的组成。因此，广义产品的服务需求必须进行科学合理的分类，这样才能保证企业提供的广义产品组合更合理、更能满足用户需求。

广义产品功能需求分类主要是将各种类型的广义需求细分为物理产品需求、非功能性服务需求和功能性服务需求。在服务模块和物理模块划分时要根据这些类型的服务需求作为模块划分依据。

2. 基于"Top-Down"的服务模块划分步骤

（1）建立服务族的功能结构树

根据广义产品需求获取与分类的结构，用户服务需求包括功能性服务需求和非功能性需求。在建立服务族的功能结构树的过程中，有的服务需求不需要在模块化平台中进行功能实现，只需在用户服务配置时体现服务需求的实现方式即可。如委托运输服务、产品不回收等在服务模块中不需要进行功

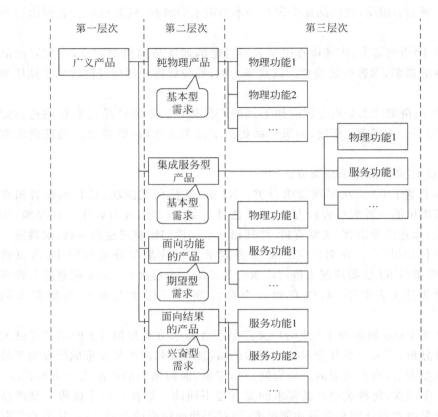

图 3-3　广义产品服务需求分类

能实现,可去掉。还有一些服务需求可以合并为一个服务功能,如三年保修、四年保修、五年保修等服务,应该是一个服务模块,保修年限的不同是模块的参数化变型。合并和去除相关服务需求后,建立服务族的功能结构树,如图 3-4 的上层部分。

(2) 寻找原理方案

基于服务族的功能结构树,对于各个服务的功能需求,必须找到实现这些功能的原理解。相对于物理功能寻找原理方案,服务族寻找可行解的难度要小很多。传统的寻找原理解的方法有查阅文献、分析自然系统、分析已有的技术系统、类比考察法、智暴法、联想法、陈列法、635 法等方法[90,163,164]。通过寻找原理方案,可以找到多个解的变型,分析可行的解,并形成由服务业务组成的解域。

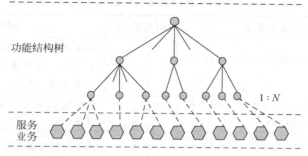

图 3-4 "功能-服务"树形图

（3）实现功能到业务的映射

在建立服务族的功能结构树的基础上，分析实现这些功能需要开展的服务业务。分析企业现有或可能开展的服务业务，并建立服务业务集合。采取功能方法树的方法来描述服务的功能到业务的映射[165]。建立服务功能结构树到服务业务之间的映射关系，如图 3-4 的下层部分。基于模块划分原则，功能与服务业务之间的映射关系为一对一或者一对多的关系，即 $1:N(N \geqslant 1)$。

（4）基于 DSM 的服务模块划分方法

1）建立服务业务关联关系评价准则。服务模块划分时考虑的原则有功能独立性原则、弱耦合性原则、服务模块粒度适中原则、面向服务的原则（服务模块的同类性、服务模块的连续性和服务模块的兼容性）、面向物理产品模块的原则等。在基于"Top-Down"的服务模块划分步骤中，需要考虑功能独立性原则、弱耦合性原则和面向服务的原则（服务模块的同类性、服务模块的连续性和服务模块的兼容性），而面向物理产品模块的原则在"Bottom-Up"的服务模块划分步骤中考虑。服务模块粒度适中原则在与模块划分粒度一致性检验中来保证，只要服务模块的粒度和物理模块粒度一致，同时也能满足用户服务功能需求则是合理粒度。

基于"Top-Down"的服务模块划分步骤中，需要考虑的原则主要通过三种相关性来保证，即功能相关度、类相关度和过程相关度。

① 功能相关度。功能相关度是指在服务模块划分时，将那些为实现同一功能的服务集合在一起构成模块，并保持功能独立。各服务模块之间存在一定的关联，关联关系的强弱可用相关度来表示，根据服务之间的功能相关度可进行服务模块划分。表 3-1 为服务间的功能相关度评价准则。

表 3-1　面向功能的服务相关度

服务间关系描述	相关度 v_{ij}^f	案例
两个服务都是为实现某一功能而存在，并且缺一不可	1.0	变压器器身检测服务中的油中溶解气体与油中水含量检测，这两种服务缺一不可
一个服务的应用会对另外一个服务模块的实施产生较大影响	0.7	远程监控服务与远程故障诊断服务
一个服务的应用会对另外一个服务模块的实施产生影响	0.5	设备安装服务与培训服务
一个服务的应用会对另外一个服务模块的实施产生较小影响	0.3	普通短信服务与彩信服务
两个服务之间没有功能联系	0	手机通话与上网服务

　　② 类相关度。类相关度是指某些服务具有相同特性，将这类服务分配到同一服务组中形成一个模块，便于服务管理和向用户提供更多的相似服务。根据面向类的服务相关度可进行服务模块划分，表 3-2 为服务间的类相关度评价准则。

表 3-2　面向类的服务相关度

服务间关系描述	相关度 v_{ij}^c	案例
两个服务属于同一类，实现相同功能，规格也相同	1.0	1 年保修期与 2 年保修期服务
两个服务属于同一类，实现相同功能，但规格和属性不同	0.8	用户自我运输服务与企业运输服务
两个服务属于同一类，实现的功能不同	0.4	企业发动机检测与油箱检测服务
两个服务不属于同一类，实现的功能不同，规格和属性不同	0	手机通话与上网服务

　　③ 过程相关度。服务模块具有时间或过程的连续性，在某一连续时间内，完成相应的服务任务。根据服务过程相关度可进行服务模块划分，表 3-3 为服务间的过程相关度评价准则。

表 3-3　面向过程的服务相关度

服务间关系描述	相关度 v_{ij}^p	案例
两个服务属于同一连续过程	1.0	外包运输服务与企业自主运输服务
两个服务不属于同一连续过程	0	手机通话与上网服务

2）计算服务业务间关联强度。将功能相关性、类相关性和过程相关性规范化处理，建立多因素综合效应矩阵。对于整个服务模块的划分分析，需要综合功能、类、过程等三个因素的影响。由于功能、类和过程均包括多个指标属性，因此关联矩阵中关联强度值实际上指标体系的中多属性的综合效用。

Keeney 和 Raiffa[166] 提出多属性综合效用函数为

$$U = \frac{1}{K}\left[\prod_{i=1}^{n}(1 + Kk_{i}u_{i}(x_{i})) - 1\right], \quad 若 \sum_{i=1}^{n}k \neq 1 \qquad (3\text{-}1)$$

式中：u_i 和 U 分别为单个属性效用值和综合效用值，是 $0 \sim 1$ 间的常数；k_1 和 K 是 $0 \sim 1$ 间的常数，分别为 $u_i(x_i)$ 和 U 的权重因子。其中 K 可通过 $1 + K = \prod_{i=1}^{n}(1 + Kk_i)$ 确定，当 $K = 0$ 时，表示属性间没有关系。

基于式（3-1），可以分别计算出两零部件在功能、类和过程方面的关联强度，如式（3-2）、式（3-3）和式（3-4）所示。

$$v_{ij}^{\mathrm{F}} = w^{\mathrm{f}}v_{ij}^{\mathrm{f}} \qquad (3\text{-}2)$$

$$v_{ij}^{\mathrm{C}} = w^{\mathrm{c}}v_{ij}^{\mathrm{c}} \qquad (3\text{-}3)$$

$$v^{\mathrm{P}} = w^{\mathrm{p}}v_{ij}^{\mathrm{p}} \qquad (3\text{-}4)$$

式中：v_{ij}^{F}，v_{ij}^{C} 和 v_{ij}^{P} 分别为服务业务在功能、类和过程方面的关联强度，其值在 $0 \sim 1$ 之间的比例因子。$w^{\mathrm{f}} + w^{\mathrm{c}} + w^{\mathrm{p}} = 1$，设定 $w^{\mathrm{f}} = 0.5, w^{\mathrm{c}} = 0.3, w^{\mathrm{p}} = 0.2$。

3）建立多属性综合效用的设计结构矩阵（design structure matrix，DSM）。基于服务业务间的相互关联关系和关联强度计算结果，可以构建 $n \times n$ 的关系矩阵 $\boldsymbol{V}$，行和列均是待模块化的服务。因此，矩阵中的任一元素 v_{ij} 表示服务 v_i 和 v_j 间的相互关系之和（功能、类和过程方面的关联强度），其数值的大小表示组件间关系的紧密程度，当 $i = j$ 时，$v_{ij} = 0$。

（5）服务模块聚类分析

根据多因素综合效应矩阵，计算服务之间的相关度。采用聚类分析法，得到不同层次上的服务模块划分方案。聚类分析法是依据客观事物间特征、亲疏程度和相似性，通过建立模糊相似关系对客观事物进行分类的数学方法。用模糊聚类分析方法处理带有模糊性的聚类问题要更为客观、灵活和直观，计算也更加简捷[167]。在进行模糊聚类分析时，首先要对样本数据规格化，然后用相似系数法或贴近度法等建立被分类对象的模糊相似矩阵 $\boldsymbol{R}$，再求模糊相似矩阵 $\boldsymbol{R}$ 的模糊聚类传递闭包 $\boldsymbol{R}^{*}$，最后适当选取置信水平 λ 截集 $\boldsymbol{R}^{*}$，对被分类对象进行动态聚类[159]。

3. 基于"Bottom-Up"的服务模块划分步骤

在"Bottom-Up"的服务模块划分方法中，根据已划分的物理模块，判断物理产品提供给客户所必须具备的基本产品服务或其他特殊服务是否具备,如果不具备,则采用"物理模块-服务模块"的映射方法补充完善客户所需的服务模块。在图 3-5 中,物理模块是指已经划分后的物理模块,需要补充的服务模块可以通过物理模块的映射。如果通过"Top-Down"划分的服务模块中没有该模块或该模块划分粒度较粗,则添加该服务模块。

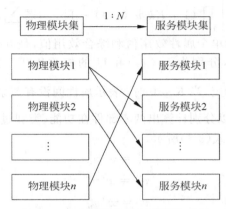

图 3-5   从物理模块映射到服务功能

3.2.3   基于"Top-Down"的物理模块划分步骤

1. 物理产品需求获取与分类

物理产品需求获取与分类方法的分析和讨论见 3.2.2 节。

2. 建立物理产品功能结构树

（1）单个物理产品的功能结构树

产品的功能分解可以通过多种方法来完成,如功能分析系统技术[168]、公理设计中的功能分解方法[88]、功能方法树法[165]、功能分解方法[169]等,这些方法都试图实现系统功能到产品结构的映射。功能逻辑图的映射结果可以清晰地理解功能需求集合,来描述全部的期望功能[99]。本书采取功能方法树法来描述广义产品的功能到结构的映射,从方案层的功能需求入手,用户需求包括产品基本功能需求、功能性服务需求。通过"功能-零部件"树形图将基本功能需求、功能性服务需求转化为产品的总功能及子功能。

（2）物理产品族的功能结构树

对每种类型的单个产品功能结构进行建模,然后将其集成为一个通用型的功能结构族。通用型的物理产品族功能结构树是由基本功能、辅助功能和可选功能组成的。在由单个物理产品向产品族功能结构树构建过程中，添加的功能大多数为辅助功能或可选功能。

服务这些服务功能和可选功能时，需要面向服务进行分析。将功能性服务映射到物理功能上（见图 3-6），形成一系列子物理功能集合，并将其放在物理产品族功能结构树的合适位置。

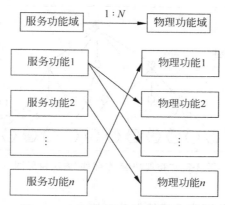

图 3-6　功能性服务映射到物理功能

3. 寻找原理方案及其结构

（1）寻找原理方案

对于各个物理产品的功能需求分功能，必须找到实现这些功能的作用原理，然后将它们组合成作用结构，并进行详细设计，即可得到原理解。原理解包含为实现一个功能所需的物理效应及几何和物料特征[90]。但许多任务只有结构设计方面的问题或有成熟模块，不必寻找新的物理效应。另外，在求解时，常难以在思想上脱离几何的和物料的特征标志的影响。因此，我们照例总是寻求作用原理，它既包含物理事件，又包含必要的几何和物料特征标志。

传统的寻找原理方案方法有查阅文献、分析自然系统、分析已有的技术系统、类比考察测量与模型试验等方法。智暴法、联想法、陈列法、635 法等偏重于直觉的方法，是利用群动效应与设计师通过自由地表达意见，借助联想而得到的启发[90,163,164]。

通过寻找原理方案，可以找到多个解得变型（解），可通过物理效应及几何和物料特征标志的变异来建立解域。而且为了实现一个分功能，可以有多个物理效应在一个或多个功能载体上起作用（一对一或者一对多的关系）。

（2）实现物理功能到原理解（零部件）的映射

建立产品族的功能结构树和寻找原理方案后，需要考虑如何集聚子功能成为子物理模块，以便建立产品族的模块化架构[99]，这首先需要实现物理功能到零部件的映射。如图 3-7 所示，根据上步骤建立的物理产品族的功能结构树，建立功能结构树到物理零部件之间的映射关系。基于模块划分原则，功能与零部件之间的映射关系为一对一或者一对多的关系，即 $1:N(N\geqslant 1)$。

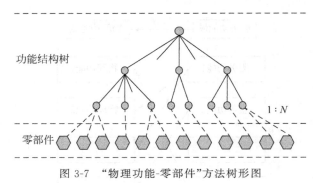

图 3-7　"物理功能-零部件"方法树形图

4. 基于 DSM 的物理产品模块划分方法

本节基于设计结构矩阵 DSM 来完成物理产品模块划分。基于物理产品模块划分原则来分析零部件之间的关系，以 DSM 矩阵的形式建立关系矩阵，根据矩阵中的交互关系强弱来对产品模块进行设计规划。

（1）建立关联关系评价准则

建立评价准则是进行零部件间交互关系强弱的基础，因此零部件的相似性准则可以看作是模块形成的驱动力[99]。采用不同的评价准则，可以形成不同的模块化方案。评价准则主要基于 3.1.2 节中物理产品模块划分原则，主要包括功能独立性原则、结构弱耦合原则、模块粒度适中原则、面向服务的原则（面向服务配置的原则、面向服务设计的原则）。其中，面向服务配置的原则在建立物理产品族功能结构树步骤中已经考虑，服务模块粒度适中原则在与广义模块划分粒度一致性检验环节（见 3.3 节）中来保证。在本步骤中将依据其余原则（功能独立性原则、弱耦合原则和面向服务设计的原则）进行模块划分[151,170]。零部件间的各种交互关系强弱的评价准则如下。

1）零部件间的功能独立性原则。零部件间的功能关系可以用功能相关度来描述，相关度表示两个零部件间功能能否在同一个模块内的共存程度，如果两个零部件的功能相互兼容、相互补充，则表示两个零部件具有较高的功能关联强度；评价值用 p_{ij}^{f} 表示，该值的大小根据表 3-4 的评价准则进行确定。

表 3-4　功能相关度评价标准

关联强度	交互值(p_{ij}^{f})	描　　述	案　　例
强	0.9	两零部件功能相互影响,其中一个功能的实现离不开另一个功能	凳子的前后支撑腿与上支撑架
中	0.6	两零部件功能相互影响,其中一个功能对另一个功能起辅助作用	如自行车车座和支撑车座的车架
弱	0.3	两零部件功能相互兼容,但是功能不相关	手机后盖与触摸屏
无	0	两零部件功能相互不相关,不能放在同一个模块内	手机后盖与手机保护套

2) 零部件间的结构弱耦合原则。零部件间的结构耦合关系可以用结构耦合相关度来描述,相关度表示两零部件连接的接触面数量,接触面越多表示两零部件间的结构相关性越大。评价值用 p_{ij}^{c} 表示,该值的大小根据表 3-5 的评价准则进行确定。

表 3-5　两零部件耦合性评价标准

关联强度	交互值(p_{ij}^{c})	描　　述	案　　例
极强	1	两零部件的多个面相互接触	椅子靠背与靠背支架
强	0.8	两零部件的多个点相互接触	数据线与电脑显示器
中	0.6	两零部件有一个面相互接触	笔记本电脑显示器与电脑键盘下壳等本体的链接
弱	0.4	两零部件的接触部分是一条线	手机后盖与手机保护套
极弱	0.2	两零部件的接触部分是一个点	凳子的前支撑腿与上支撑架
无	0	两零部件无接触部分	电脑显示器与机箱

3) 零部件间的面向服务设计的原则。衡量便于服务的设计指标较多,该阶段主要考虑零部件拆卸方式、回收相容性和两零部件使用寿命等。"零部件拆卸方式"是衡量了零部件维修服务拆卸难易程度,尽量采用相同的回收拆卸方式,降低了时间和费用成本,从而降低回收成本。"回收相容性"是衡量零部件材料是否可以统一回收,将材料相同或相容的零部件划分到同一模块有利于实现模块的整体回收,从而减少了拆卸、分检工作,降低了时间和费用成本。"零部件使用寿命"是指零部件能最经济完成特定功能的周期。将寿命相同或相近的零部件划分到同一模块,有利于提高零部件材料回收再利用效率和降低回收成本。维护维修服务的实施需要考虑到"零部件拆卸方式"和"两零部件使用寿命"等因

素,回收服务需要考虑"两零部件使用寿命"和"回收相容性",各指标的值分别用变量 p_{ij}^{s1},p_{ij}^{s2} 和 p_{ij}^{s3} 表示,该值的大小根据表 3-6、表 3-7 和表 3-8 的评价准则进行确定[151,170]。

表 3-6 两零部件回收相容性标准设定

关联强度	交互值(p_{ij}^{s1})	描　述	案　例
极相容	1.0	可以直接进行统一回收	手机上盖与下盖
相容	0.8	可以进行统一回收,但对材料性能造成影响	沙发上的坐垫与包皮的集成模块
较相容	0.6	利用一般的回收分选工艺即可回收材料	手机电路板与外壳
不相容	0.2	需采用高成本的回收分选工艺才能获得具有一定特性的材料	变压器上的硅钢铁芯及缠绕在铁芯上的铜线圈
极难相容	0	无法采用相同回收工艺进行回收	凳子的前支撑腿与上支撑架

表 3-7 两零部件拆卸方式标准设定

关联强度	交互值(p_{ij}^{s2})	描　述	案　例
极强	0.9	相同的拆卸方式,且拆卸难度大	电路板上的元器件与电路板
强	0.6	相同的拆卸方式,且拆卸难度一般	沙发上的坐垫与包皮的集成模块
中	0.3	不相同的拆卸方式,且拆卸难度一般	鼠标外壳与鼠标内控制电路板
无	0	不相同的拆卸方式,且拆卸难度大	自行车的车轮胎与轮毂

表 3-8 两零部件使用寿命评价标准

关联强度	交互值(p_{ij}^{s3})	描　述	案　例
极强	1.0	具有相同的使用寿命	电路板上的多个二极管
差	0	具有不同的使用寿命	自行车的车轮胎与轮毂

(2) 计算零部件间关联强度,建立 DSM 矩阵

1) 零部件间关联强度计算。零部件间关联强度采用自相关度来描述,广义模块设计需要从功能、结构和服务等角度分别计算零部件的关联强度,分别形成基于 DSM 的功能子相关矩阵、结构子相关矩阵和服务子相关矩阵。由于功能、结构和服务均包括多个指标属性,关联矩阵中关联强度值是指标体系中多属性的综合效用。基于式(3-1),分别计算出两零部件在功能、结构和服务方面的关联强度,如式(3-5)、式(3-6)和式(3-7)所示。

$$p_{ij}^{F} = w^{f} p_{ij}^{f} \tag{3-5}$$

$$p_{ij}^{C} = w^{c} p_{ij}^{c} \tag{3-6}$$

$$p_{ij}^{S} = (w^{s} f^{s1} p_{ij}^{s1} + 1)(w^{s} f^{s2} p_{ij}^{s2} + 1)(w^{s} f^{s3} p_{ij}^{s3} + 1) - 1 \tag{3-7}$$

式中：p_{ij}^{f}，p_{ij}^{c} 和 p_{ij}^{s} 分别为零部件在功能、结构和服务方面的关联强度；f^{s1}，f^{s2} 和 f^{s3} 分别为回收相容性、零部件拆卸方式、两零部件使用寿命等属性的权重因子；w^{f}，w^{c} 和 w^{s} 分别为使 p_{ij}^{f}，p_{ij}^{c} 和 p_{ij}^{s} 值在 0～1 之间的比例权重值，权重值的大小见表 3-9。

表 3-9　属性权重值

属性权重	f^{s1}	f^{s2}	f^{s3}	w^{f}	w^{c}	w^{s}
权重值	0.35	0.45	0.20	0.40	0.30	0.30

2) 建立 DSM 矩阵。基于零部件间的相互关联关系，可以构建 $n \times n$ 的关系矩阵 $\boldsymbol{P}$。行和列均是待模块化的组件。因此矩阵中的任一元素 p_{ij} 表示组件 p_i 和 p_j 间的相互关系，其数值（例如数值 0～1）的大小表示组件间关系的紧密程度，其中 $p_{ij} = p_{ji}$；且当 $i = j$ 时，$p_{ij} = 0$。

（3）物理模块聚类分析

目前对产品结构进行聚类划分的研究文献主要有：Siddique 和 Rosen[171] 及 Nelson 等[172] 用最优化的方法来进行产品结构的规划；Otto 和 Wood[173] 采用功能结构图的方法对产品结构进行模块规划；Zakarian 和 Rushton[174] 采用 Hatley/Pirbhai 方法实现产品结构的模块化。本章在上述研究基础上，通过对产品结构 DSM 模型进行聚类划分，根据 DSM 矩阵，计算服务之间的相关度，采用聚类分析法，得到不同层次上的物理模块划分方案。

3.3　基于质量屋的广义产品模块划分一致性检验评价方法

在广义产品零部件层交互式模块化设计中，用户需求、物理模块之间、服务模块之间、物理与服务模块之间可能存在诸多冲突。这些冲突的解决在广义产品规划和模块划分时就要考虑，实现广义产品规划与模块粒度的一致性和有效性。然而，保证物理模块与服务模块的粒度一致性是实现面向用户配置的模块化设计的难点。

3.3.1　广义产品的模块一致性检验要求

1. 模块一致性的检验目标

（1）模块的功能完备性检查

集成服务型产品模块化后形成的物理模块与服务模块集合是否满足客户需求。如果不能满足，则说明模块集合的功能不完备，需要开始下一轮优化设计以完善模块功能。

（2）模块粒度的适宜性检查

在模块配置设计过程中，模块之间必须要有一致性的粒度，否则无法实现模块的配置。粒度大小的适宜性检查主要是在模块化设计过程中保证和实现的，以保证产品平台的高适应性和配置实例的有效生成。

2. 模块一致性的检验内容

（1）模块与用户需求的一致性检验

基于用户需求分类，分别进行物理产品与服务的模块化，通过第一轮的模块化设计，完成第一轮的模块划分，分别得到物理模块集和服务模块集。在模块与用户需求的一致性检验过程中，需要建立需求与各模块功能映射模型，判断模块与客户需求之间的一致性。

（2）模块间的粒度一致性检验

物理模块与服务模块之间进行一致性检验。因此，广义产品模块划分后，需要检查物理模块之间、服务模块之间、物理模块与服务模块之间的粒度一致性。

3.3.2　广义产品模块划分一致性检验过程

本节提出基于质量功能屋的物理模块与服务模块粒度的一致性检验方法，用户需求、物理模块与服务模块的冲突与消解采用质量屋方法来评价。基于质量功能屋的模块划分一致性是指质量功能屋中广义模块（广义模块是物理模块与服务模块的统称）自相关矩阵、服务需求与广义模块的关系矩阵之间的一致性。如果两个广义模块 M_1 和 M_2 存在相关关系，则两个模块对某一项服务需求的影响强度虽然不可能完全相同，但相应的顾客需求与该两个模块的关联强度应比较相近。对广义模块与用户需求建立的质量功能屋一致性检查,判断质量功能屋中是否存在不一致问题。如果质量功能屋一致性检查通过,则对其配置的质量功能屋进行决策;如果质量功能屋的一致性检查不通过,说明质量功能屋中存在不一致问题,则要对质量屋的不一致问题进行分析,确定是广义模块与用户需求之间的不一致性还是广义模块间的不一致性,确定出导致质量屋中产生不一致问题的关联模块组或模块与需求组,然后再进行循环决策。本节将相关分析理论引入到质量功能屋应用中进行决策[159]。其步骤如下:

步骤 1:收集特定 PSS 产品的功能需求,并对 PSS 进行模块划分,形成广义模块集合。建立基于用户服务需求(功能需求、性能需求、服务需求等)与广义模块的质量屋,并对自相关矩阵和互相关矩阵进行模糊评价,分别设定自相关矩阵和互相关矩阵的相关性模糊等级。自相关矩阵包括强相关、较强相关、中等相关和弱相关等四个模糊等级;互相关矩阵设定为弱相关和强相关两个等级。

步骤 2:对质量功能屋中的自相关矩阵(广义模块之间形成的矩阵)和互相关矩阵(用户服务需求与广义模块之间形成的矩阵)进行归一化处理,设定相关性的数值(相关度),完成矩阵的数值初始化。1 代表强相关,0.8 代表较强相关,0.6 代表中等相关,0.4 代表较弱相关,0.2 代表弱相关等。设定关联强度的具体数字值,1 表示弱关联,3 表示强关联。

步骤 3:根据归一化后的质量屋中广义模块自相关矩阵和互相关矩阵中相关性信息,计算有相关关系的模块特征 M_{j_1} 和 M_{j_2} 在互相关矩阵中所在列的关联强度相似系数 $S_{j_1 j_2}$:

$$S_{j_1 j_2} = 1 - \frac{\sum_{i=1}^{m} |a_{ij_1} - a_{ij_2}|}{n} \tag{3-8}$$

式中: a_{ij_1} 为第 i 项服务需求与第 j_1 项模块之间的相关度; a_{ij_2} 为第 i 项顾客需求与第 j_2 项模块之间的相关度; m 为与第 j_1 项模块或第 j_2 项模块存在相关系数的服务需求个数; n 为进行相关度比较的个数。其中 $0 \leqslant S_{j_1 j_2} \leqslant 1$,当 $S_{j_1 j_2} = 0$ 时表示完全不相似,当 $S_{j_1 j_2} = 1$ 时表示完全相似。

步骤 4:计算模块自相关强度 δ_{ij} 与相似系数 $S_{j_1 j_2}$ 之间的相关系数 $r_{\delta s}$。

$$r_{\delta s} = \frac{l_{\delta s}}{\sqrt{l_{\delta\delta} \times l_{ss}}} \tag{3-9}$$

其中:

$$l_{\delta\delta} = \sum \delta_{j_1 j_2}^2 - \frac{1}{K}\left(\sum \delta_{j_1 j_2}\right)^2 \tag{3-10}$$

$$l_{ss} = \sum \delta_{j_1 j_2}^2 - \frac{1}{K}\left(\sum \delta_{j_1 j_2}\right)^2 \tag{3-11}$$

$$l_{\delta s} = \sum \delta_{j_1 j_2} s_{j_1 j_2} - \frac{1}{n}\left(\sum \delta_{j_1 j_2} \cdot \sum s_{j_1 j_2}\right)^2 \tag{3-12}$$

式中 $S_{j_1 j_2}$ 为模块 M_{j_1} 和 M_{j_2} 之间的相关强度；r_δ 为模块 M_{j_1} 和 M_{j_2} 之间的相似系数。$r_\delta = 0$，表示模块自相关强度与相似系数之间不相关；$r_\delta > 0$，表示模块自相关强度与相似系数之间正相关；$r_\delta < 0$，表示模块自相关强度与相似系数之间负相关。

步骤 5：对模块自相关强度和相似系数之间的相关系数 $r_{\delta s}$ 进行假设检验。对于相关系数 $r_{\delta s}$ 的假设检验，采用 T 检验法：

$$检验统计量\ t = r_{\delta s}\sqrt{n-2}\big/\sqrt{1-r_{\delta s}^2}, \qquad 自由度为\ n-2 \tag{3-13}$$

如果 $r_{\delta s} = 0$ 的假设检验不成立，表明模块自相关强度与相似系数之间存在正相关，则一致性检验通过；否则，表明质量屋存在不一致问题，需要分析冲突原因并修改，然后重新检验，直到一致性检验通过为止。

3.4　一个广义变压器产品模块划分案例

3.4.1　广义变压器的功能需求

变压器是一个长生命周期产品，有效寿命大约 20 年。本节选用 110kV（SZ10-40000/110 型号）有载调压电力变压器为应用对象。在 110kV 有载调压电力变压器的销售、运行、维修、回收和再制造等阶段，存在多种形式的产品服务，如检测服务、远程故障诊断服务、监控服务等。这些服务的存在会影响变压器物理产品的结构设计，这些服务的集成提供也为制造企业带来更高价值附加值，提高了产品的利润率和可持续性。

通过调查表来收集用户对变压器的服务需求，采用 Kano 模型来细分和理解顾客需求，将顾客需求分为基本型需求、期望型需求和兴奋型需求加以归类整理；并采用 KJ 法对顾客需求进行合并和归类，形成多层次树形结构。经过需求获取、Kano 法和 KJ 法的应用，最终的广义变压器服务需求收集与分类结果如图 3-8 所示。

根据图 3-8 分析广义产品零部件层模块划分的功能需求如下。

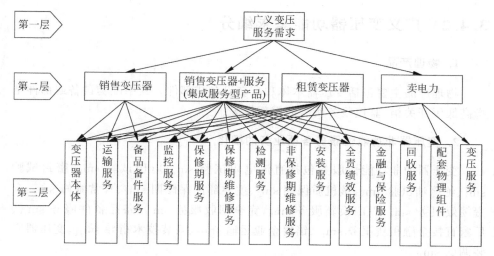

图 3-8　变压器服务需求收集与分类

1. 基本物理产品的功能需求

（1）变压器本体；

（2）高低压开关柜；

（3）监控服务所需的零部件；

（4）检测服务所需的零部件等。

2. 产品服务的功能需求

（1）金融服务：厂家直接租赁、第三方租赁、银行分期付款租赁；

（2）运输服务；

（3）安装服务；

（4）监控服务：监控器身、监控套管、监控铁芯、监控绕组、监控冷却单元等；

（5）设备检测需求：例行试验、型式试验、特殊试验；

（6）保修期维修服务；

（7）非保修期维修服务：日常维修、全责绩效服务；

（8）回收服务：以旧换新、完全回收；

（9）备品备件服务。

3.4.2　广义变压器功能需求细分

1. 物理产品

物理产品主要包括变压器本体和配套设备或部件。其中配套设备或部件是指高低压开关柜、监控服务所需的零部件等。

2. 变压器非功能性服务各项业务的细化

变压器的非功能性服务包括直流电阻试验 sm_1、电压试验 sm_2、密封试验 sm_3、绝缘油试验 sm_4、整机质保期 sm_5、主要部件保修期 sm_6、日常维修 sm_7、全责绩效服务 sm_8、以旧换新服务 sm_9、完全回收服务 sm_{10}、备品备件服务 sm_{11}、厂家直接金融租赁服务 sm_{12}、销售企业运输 sm_{13}、安装技术指导 sm_{14}、变压器安装调试 sm_{15}。

3. 变压器功能性服务各项业务的细化

变压器的功能性服务包括油中溶解气体 sm_{16}、油中水含量 sm_{17}、局部放电 sm_{18}、介质损耗 sm_{19}、等值电容 sm_{20}、铁芯接地电流 sm_{21}、绕组热点光纤温度 sm_{22}、冷却器风扇及油泵运行状态 sm_{23}、环境温湿度 sm_{24}、油温监测 sm_{25}、温升试验分析 sm_{26}、雷电冲击试验 sm_{27}、油箱机械强度试验 sm_{28}、绕组变形试验 sm_{29}、三相变压器零序阻抗测量 sm_{30}。

3.4.3　广义变压器模块划分

1. 基于"Top-Down"的变压器服务模块划分

（1）确定服务功能原理，实现功能到业务的映射

根据广义产品需求获取与分类的结构，用户服务需求包括功能性服务需求和非功能性需求。分析这些用户服务需求实现的功能，建立服务族的功能树。通过"功能-服务业务"树形图实现服务功能到服务业务的映射，如图 3-9 所示。

（2）计算服务业务间关联强度，建立多属性综合效用的设计结构矩阵

建立采用基于功能、基于类和基于过程的服务模块影射矩阵，根据式（3-1）、式（3-2）、式（3-3）和式（4-4）所示，设定相关度的权重系数 $F_f = 0.5$，$F_c = 0.3$，$F_p = 0.2$。根据计算的结果建立相关性集成分析矩阵如表 3-10 所示。

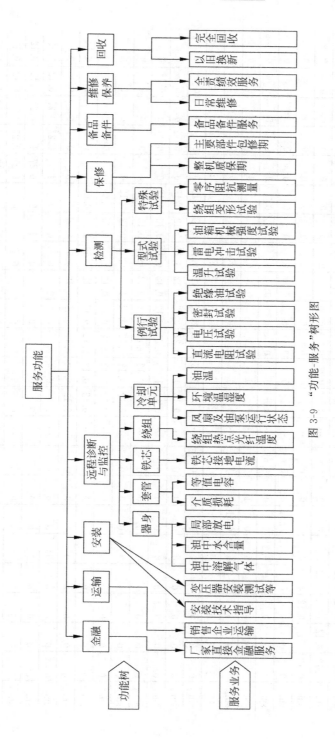

图 3-9　"功能-服务"树形图

表3-10　多属性综合效用的服务矩阵

	sm_1	sm_2	sm_3	sm_4	sm_{51}	sm_{52}	sm_{61}	sm_{62}	$\cdots$	sm_{18}	sm_{19}	sm_{20}	sm_{21}	sm_{22}	sm_{23}	sm_{24}	sm_{25}	sm_{26}	sm_{27}	sm_{28}	sm_{29}	sm_{30}
sm_1	1	0.27	0.12	0.12	0	0	0	0	$\cdots$	0	0	0	0	0	0	0	0	0	0	0	0	0
sm_2	0.27	1	0.12	0.12	0	0	0	0	$\cdots$	0	0	0	0	0	0	0	0	0	0	0	0	0
sm_3	0.12	0.12	1	0.12	0	0	0	0	$\cdots$	0	0	0	0	0	0	0	0	0	0	0	0	0
sm_4	0.12	0.12	0.12	1	0	0	0	0	$\cdots$	0	0	0	0	0	0	0	0	0	0	0	0	0
sm_{51}	0	0	0	0	1	0	0.24	0	$\cdots$	0	0	0	0	0	0	0	0	0	0	0	0	0
sm_{52}	0	0	0	0	0	1	0	0.61	$\cdots$	0	0	0	0	0	0	0	0	0	0	0	0	0
sm_{61}	0	0	0	0	0.24	0	1	0.24	$\cdots$	0	0	0	0	0	0	0	0	0	0	0	0	0
sm_{62}	0	0	0	0	0	0.61	0.24	1	$\cdots$	0	0	0	0	0	0	0	0	0	0	0	0	0
$\cdots$	$\cdots$	$\cdots$	$\cdots$	$\cdots$	$\cdots$	$\cdots$	$\cdots$	$\cdots$	$\cdots$	$\cdots$	$\cdots$	$\cdots$	$\cdots$	$\cdots$	$\cdots$	$\cdots$	$\cdots$	$\cdots$	$\cdots$	$\cdots$	$\cdots$	$\cdots$
sm_{18}	0	0	0	0	0	0	0	0	$\cdots$	1	0.12	0.12	0.12	0.12	0.12	0.12	0.12	0	0	0	0	0
sm_{19}	0	0	0	0	0	0	0	0	$\cdots$	0.12	1	0.27	0.12	0.12	0.12	0.12	0.12	0	0	0	0	0
sm_{20}	0	0	0	0	0	0	0	0	$\cdots$	0.12	0.27	1	0.27	0.12	0.12	0.12	0.12	0	0	0	0	0
sm_{21}	0	0	0	0	0	0	0	0	$\cdots$	0.12	0.12	0.27	1	0.12	0.12	0.12	0.12	0	0	0	0	0
sm_{22}	0	0	0	0	0	0	0	0	$\cdots$	0.12	0.12	0.12	0.12	1	0.12	0.12	0.12	0	0	0	0	0
sm_{23}	0	0	0	0	0	0	0	0	$\cdots$	0.12	0.12	0.12	0.12	0.12	1	0.69	0.69	0	0	0	0	0
sm_{24}	0	0	0	0	0	0	0	0	$\cdots$	0.12	0.12	0.12	0.12	0.12	0.69	1	0.69	0	0	0	0	0
sm_{25}	0	0	0	0	0	0	0	0	$\cdots$	0.12	0.12	0.12	0.12	0.12	0.69	0.69	1	0	0	0	0	0
sm_{26}	0	0	0	0	0	0	0	0	$\cdots$	0	0	0	0	0	0	0	0	1	0.27	0.27	0.12	0.12
sm_{27}	0	0	0	0	0	0	0	0	$\cdots$	0	0	0	0	0	0	0	0	0.27	1	0.27	0.12	0.12
sm_{28}	0	0	0	0	0	0	0	0	$\cdots$	0	0	0	0	0	0	0	0	0.27	0.27	1	0.12	0.12
sm_{29}	0	0	0	0	0	0	0	0	$\cdots$	0	0	0	0	0	0	0	0	0.12	0.12	0.12	1	0.27
sm_{30}	0	0	0	0	0	0	0	0	$\cdots$	0	0	0	0	0	0	0	0	0.12	0.12	0.12	0.27	1

2. 基于"Top-Down"的变压器物理模块划分

（1）单个变压器物理产品的功能结构

采用功能方法树法，可以实现单个变压器的产品需求到功能的转换，实现了变压器的总功能及子功能的逻辑划分，转化后的功能如图 3-10 所示。主要功能有电流引入、高压内部接线、高压传输、低压传输、承载磁通、上夹紧、下夹紧、铁芯散热装置、开关、开关保护、调压线圈、纸隔绝、油隔绝、空气隔绝、环氧树脂隔绝、电流输出、低压内部接线、测量保护、压力保护、监控检测、接口、外壳防护、油箱保护、主散热和其他。

（2）变压设备的物理产品功能结构族

通用型的物理产品族功能结构树是由基本功能、辅助功能和可选功能组成的。在由单个物理产品向产品族功能结构树构建过程中，添加的功能大多数为辅助功能或可选功能。添加这些辅助功能和可选功能时，需要进行面向服务来分析。功能性服务模块对应的功能性物理模块有监控装置和部分检测装置。将功能性服务映射到物理功能上（见图 3-11），形成一系列子物理功能集合，并将其放在物理产品族功能结构树的合适位置。

（3）寻找原理方案并建立物理功能到原理解（零部件）的映射

基于图 3-12 的变压器物理功能到原理解（零部件）的映射分析，变压器族的部件主要包括高压套管 S_1、低压套管 S_2、高压引线 S_3、低压引线 S_4、高压线圈 S_5、低压线圈 S_6、铁芯 S_7、高压上夹件 S_8、低压上夹件 S_9、高压下夹件 S_{10}、低压下夹件 S_{11}、有载开关 S_{12}、有载开关储油柜 S_{13}、吸湿器 S_{14}、调压线圈 S_{15}、器身绝缘 S_{16}、温度计座 S_{17}、信号温度计座 S_{18}、互感器 S_{19}、压力释放阀 S_{20}、气体继电器 S_{21}、温升监测组件 S_{22}、雷电冲击试验组件 S_{23}、油箱强度测试组件 S_{24}、绕组测试组件 S_{25}、三相变压器零序阻抗测量器 S_{26}、油中水气含量监测组件 S_{27}、局部放电监测组件 S_{28}、套管监测组件 S_{29}、铁芯监测组件 S_{30}、绕组监测组件 S_{31}、冷却单元监测组件 S_{32}、导线盒及控制电缆 S_{33}、上节油箱 S_{34}、下节油箱 S_{35}、胶囊储油柜 S_{36}、片式散热器 S_{37}、蝶阀 S_{38}、铭牌 S_{39}、高低压开关控制柜 S_{40} 等。

（4）计算零部件间关联强度，建立多属性综合效用的 DSM 矩阵

根据 3.2.3 节的基于 DSM 的物理产品模块划分方法，计算变压器零部件间的关联强度，建立 DSM 关系矩阵，如表 3-11 所示。

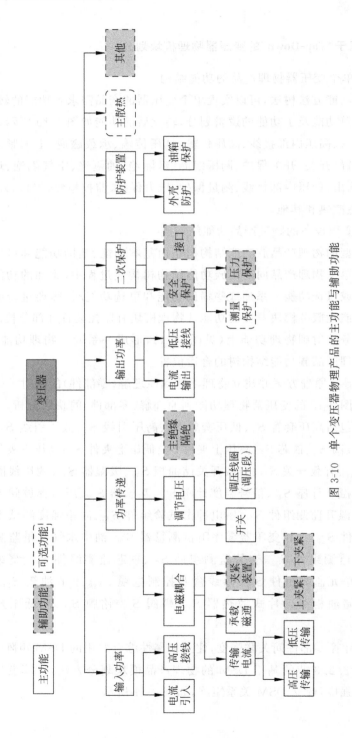

图 3-10　单个变压器物理产品的主功能与辅助功能

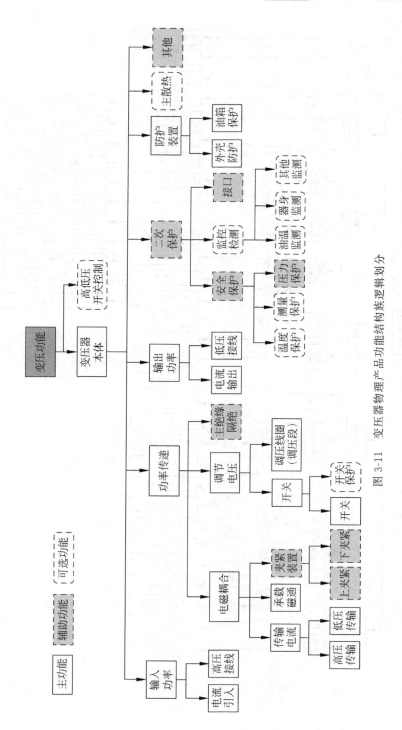

图 3-11 变压器物理产品功能结构族逻辑划分

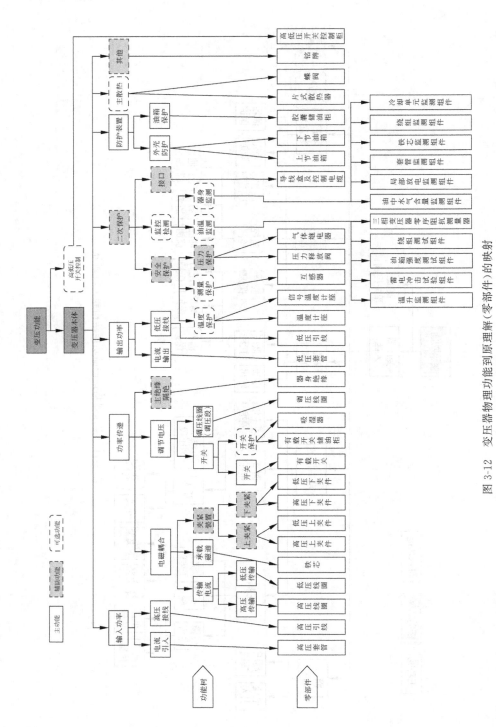

图 3-12 变压器物理功能到原理解（零部件）的映射

表 3-11　变压器结构之间的相关矩阵

	S_1	S_2	S_3	S_4	S_5	S_6	S_7	S_8	S_9	S_{10}	S_{11}	…	S_{35}	S_{36}	S_{37}	S_{38}	S_{39}	S_{40}
S_1	1	0.12	0.42	0	0	0	0	0	0	0	0	…	0	0	0	0	0	0
S_2	0.12	1	0	0.42	0	0	0	0	0	0	0	…	0	0	0	0	0	0
S_3	0.42	0	1	0.12	0.06	0	0	0	0	0	0	…	0	0	0	0	0	0
S_4	0	0.42	0.12	1	0	0.06	0	0	0	0	0	…	0	0	0	0	0	0
S_5	0	0	0.06	0	1	0.9	0.3	0	0	0	0	…	0	0	0	0	0	0
S_6	0	0	0	0.06	0.9	1	0.3	0	0	0	0	…	0	0	0	0	0	0
S_7	0	0	0	0	0.3	0.3	1	0.18	0.18	0.18	0.18	…	0	0	0	0	0	0
S_8	0	0	0	0	0	0	0.18	1	0.12	0.6	0.12	…	0	0	0	0	0	0
S_9	0	0	0	0	0	0	0.18	0.12	1	0.12	0.6	…	0	0	0	0	0	0
S_{10}	0	0	0	0	0	0	0.18	0.6	0.12	1	0.12	…	0	0	0	0	0	0
S_{11}	0	0	0	0	0	0	0.18	0.12	0.6	0.12	1	…	0	0	0	0	0	0
⋮	⋮	⋮	⋮	⋮	⋮	⋮	⋮	⋮	⋮	⋮	⋮	⋮	⋮	⋮	⋮	⋮	⋮	⋮
S_{35}	0	0	0	0	0	0	0	0	0	0	0	…	1	0.12	0	0	0	0
S_{36}	0	0	0	0	0	0	0	0	0	0	0	…	0.12	1	0	0	0	0
S_{37}	0	0	0	0	0	0	0	0	0	0	0	…	0	0	1	0.12	0	0
S_{38}	0	0	0	0	0	0	0	0	0	0	0	…	0	0	0.12	1	0	0
S_{39}	0	0	0	0	0	0	0	0	0	0	0	…	0	0	0	0	1	0
S_{40}	0	0	0	0	0	0	0	0	0	0	0	…	0	0	0	0	0	1

3. 基于"Bottom-Up"的变压器服务业务划分

根据物理产品的结构映射到相应的服务业务中,可对整机保修期服务 sm_5、主要部件保修期服务 sm_6、全责绩效服务 sm_8、备品备件服务 sm_{11} 等业务进行再划分。如整机保修期服务 sm_5 可细分为 sm_{51} 和 sm_{52}(sm_{51}:自购机之日起整机质保期 1 年;sm_{52}:自购机之日起整机质保期 2 年)。sm_6 可细分为主要部件包修 2 年 sm_{61} 和主要部件包修 3 年 sm_{62}。备品备件服务主要是根据用户的需求而提供零部件,一般是一个零件或部件就作为一个独立模块,这里不再对备品备件服务细化。

将基于"Bottom-Up"方法划分后的服务模块,补充到基于"Top-Down"方法划分后的服务零部件中,建立服务零部件的设计结构矩阵。

4. 广义变压器模块聚类分析

(1)广义模块聚类设计

将基于"Top-Down"和"Bottom-Up"的变压器服务模块划分结果进行集成,

变压器产品服务共有 34 个业务。分别对物理与服务的 DSM 矩阵进行模糊等价和聚类分析,步骤如下:首先,在 MATLAB 中编制传递闭包算法计算模糊等价矩阵,然后通过模糊聚类算法建立动态聚类树,并得到聚类树的截距,算法如图 3-13 所示。求得的物理模块与服务模块聚类树分别见图 3-14 与图 3-15。图 3-14 中的 1～32 分别表示服务业务 $sm_1,sm_2,sm_3,sm_4,sm_{51},sm_{52},sm_{61},sm_{62},sm_7,sm_8,\cdots,sm_{30}$;图 3-15 中的 1～40 分别表示物理零部件 1～40。

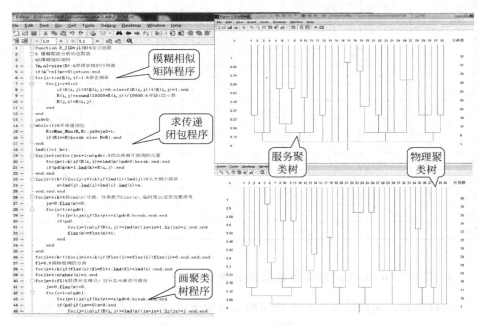

图 3-13　MATLAB 中的算法设计

(2) 服务模块聚类结果分析

截距 λ 越大,模块粒度越细,模块数量越多;截距 λ 越小,模块粒度越粗,模块数量越少(模块数量即图 3-14 右边的分类数)。在模块划分分析时,原则上从左向右分析。从截距最大的开始分析,然后分析与之相关联的截距较小的模块关系。根据图 3-14 中的服务模块聚类树理论截距值,分析服务业务之间的模块划分。

如图 3-14,sm_1 与 sm_2 截距较大($\lambda=0.27$),可以集成为一个模块,在业务实施时可以通过同一方法来实现;虽然 sm_1,sm_2 与 sm_3,sm_4 之间的截距,但在实际的服务业务提供中这四类服务是基本检测服务,选择例行试验项目中必须完成的子类,因此可以将这四类服务归纳为一个模块。sm_5 与 sm_6,sm_7 与 sm_8 的截距较大($\lambda=0.61$),均可集成为一个模块;但由于整机保质期服务和主要零

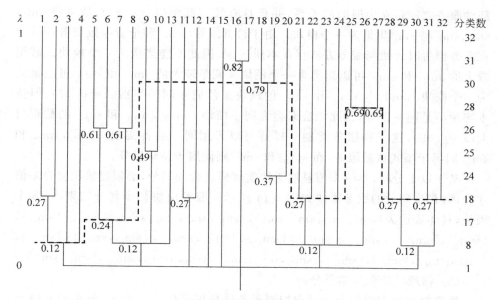

图 3-14　服务模块聚类树

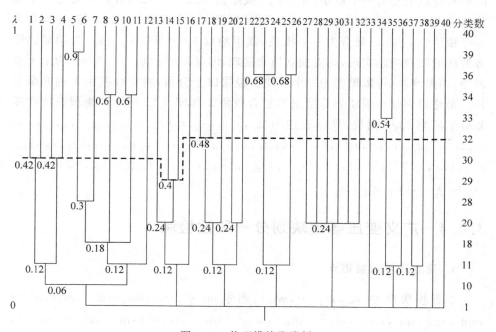

图 3-15　物理模块聚类树

部件服务之间是互为辅助的关系,并且具有较高截距($\lambda = 0.24$),故可将 sm_5,sm_6,sm_7 与 sm_8 集聚为一个模块。由于日常维修(sm_9)和全责绩效服务(sm_{10})在服务销售时计费与服务方法存在本质区别,因此不能集成为一个模块。截距较大的 sm_{16} 和 sm_{17} 可以聚类为一个模块。截距较大的 sm_{18} 和 sm_{19} 可以聚类为一个模块。sm_{18} 与 sm_{16} 和 sm_{17} 的模块虽然属于同一类别($\lambda = 0.37$),但技术实现不是同一设备,因此无法聚类为同一模块。sm_{25},sm_{26} 和 sm_{27} 的截距很大($\lambda = 0.69$),这三种服务类别一样并可以采用同一装备实现。sm_{28},sm_{29} 和 sm_{30} 同属于型式试验服务,而 sm_{31} 和 sm_{32} 则同属于特殊服务。

基于以上分析,单一 λ 值显然无法实现模块合理划分,必须要采用复合 λ 值才合理,初步划分的服务模块如图 3-14 所示。服务模块初步划分结果为 18 个模块,具体表达为 $\{sm_1,sm_2,sm_3,sm_4\}$,$\{sm_5,sm_6,sm_7,sm_8\}$,$\{sm_9\}$,$\{sm_{10}\}$,$\{sm_{11}\}$,$\{sm_{12}\}$,$\{sm_{13}\}$,$\{sm_{14}\}$,$\{sm_{15}\}$,$\{sm_{16},sm_{17}\}$,$\{sm_{18},sm_{19}\}$,$\{sm_{20}\}$,$\{sm_{21},sm_{22}\}$,$\{sm_{23}\}$,$\{sm_{24}\}$,$\{sm_{25},sm_{26},sm_{27}\}$,$\{sm_{28},sm_{29},sm_{30}\}$,$\{sm_{31},sm_{32}\}$。

(3)物理模块聚类结果分析

物理模块聚类树的分析过程如同服务模块聚类树。s_1 与 s_3 截距较大($\lambda = 0.42$),可以聚类为一个模块;s_2 与 s_4 截距较大($\lambda = 0.42$),可以聚类为一个模块。s_1 与 s_3 的截距较大($\lambda = 0.42$),可以聚类为一个模块;s_{22},s_{23} 与 s_{24} 聚合为一个模块、s_{22} 与 s_{23} 聚合为一个模块,截距均取 $\lambda = 0.68$;$s_{27} \sim s_{28}$ 为功能性服务对应的物理功能实现,均需独立模块实现,因此 $\lambda > 0.68$。s_{34} 与 s_{35} 为上下节油箱,内聚性高,可以聚类为一个模块。根据以上分析,将复合截距 λ 的冗余去掉。最终得到初步模块划分结果的复合截距 λ 如图 3-15 所示。物理模块初步划分结果为 29 个模块,具体表达为 $\{s_1,s_3\}$,$\{s_2,s_4\}$,$\{s_5,s_6\}$,$\{s_7\}$,$\{s_8,s_{10}\}$,$\{s_9,s_{11}\}$,$\{s_{12}\}$,$\{s_{13},s_{14}\}$,$\{s_{15}\}$,$\{s_{16}\}$,$\{s_{17},s_{18}\}$,$\{s_{19}\}$,$\{s_{20}\}$,$\{s_{21}\}$,$\{s_{22},s_{23}$, $s_{24}\}$,$\{s_{25},s_{26}\}$,$\{s_{27}\}$,$\{s_{28}\}$,$\{s_{29}\}$,$\{s_{30}\}$,$\{s_{31}\}$,$\{s_{32}\}$,$\{s_{33}\}$,$\{s_{34},s_{35}\}$,$\{s_{36}\}$,$\{s_{37}\}$,$\{s_{38}\}$,$\{s_{39}\}$,$\{s_{40}\}$。

3.4.4 广义变压器模块划分一致性检验

1. 建立质量功能矩阵

服务模块设为 $\{m_1,m_2,\cdots,m_{18}\}$,则令 $m_1 = \{sm_1,sm_2,sm_3,sm_4\}$,$m_2 = \{sm_5,sm_6,sm_7,sm_8\}$,$m_3 = \{sm_9\}$,$m_4 = \{sm_{10}\}$,$m_5 = \{sm_{11}\}$,$m_6 = \{sm_{12}\}$,$m_7 = \{sm_{13}\}$,$m_8 = \{sm_{14}\}$,$m_9 = \{sm_{15}\}$,$m_{10} = \{sm_{16},sm_{17}\}$,$m_{11} = \{sm_{18}$, $sm_{19}\}$,$m_{12} = \{sm_{20}\}$,$m_{13} = \{sm_{21},sm_{22}\}$,$m_{14} = \{sm_{23}\}$,$m_{15} = \{sm_{24}\}$,$m_{16} =$

$\{sm_{25},sm_{26},sm_{27}\}$，$m_{17}=\{sm_{28},sm_{29},sm_{30}\}$，$m_{18}=\{sm_{31},sm_{32}\}$。

物理模块设为 $\{n_1,n_2,\cdots,n_{29}\}$，则令 $n_1=\{s_1,s_3\}$，$n_2=\{s_2,s_4\}$，$n_3=\{s_5,s_6\}$，$n_4=\{s_7\}$，$n_5=\{s_8,s_{10}\}$，$n_6=\{s_9,s_{11}\}$，$n_7=\{s_{12}\}$，$n_8=\{s_{13},s_{14}\}$，$n_9=\{s_{15}\}$，$n_{10}=\{s_{16}\}$，$n_{11}=\{s_{17},s_{18}\}$，$n_{12}=\{s_{19}\}$，$n_{13}=\{s_{20}\}$，$n_{14}=\{s_{21}\}$，$n_{15}=\{s_{22},s_{23},s_{24}\}$，$n_{16}=\{s_{25},s_{26}\}$，$n_{17}=\{s_{27}\}$，$n_{18}=\{s_{28}\}$，$n_{19}=\{s_{29}\}$，$n_{20}=\{s_{30}\}$，$n_{21}=\{s_{31}\}$，$n_{22}=\{s_{32}\}$，$n_{23}=\{s_{33}\}$，$n_{24}=\{s_{34},s_{35}\}$，$n_{25}=\{s_{36}\}$，$n_{26}=\{s_{37}\}$，$n_{27}=\{s_{38}\}$，$n_{28}=\{s_{39}\}$，$n_{29}=\{s_{40}\}$。

建立广义模块与用户需求的质量功能屋，如表 3-12 所示。对质量屋中的服务需求与广义模块之间的互相关矩阵进行相关度打分，其中"1"表示强相关，"0.8"表示较强相关，"0.6"表示中等相关，"0.4"表示较弱相关，"0.2"表示弱相关。对广义模块之间的自相关矩阵进行相似度打分，相关强度分为两级，分别为"1"和"3"，"3"表示强度。

表 3-12 用户需求与广义模块的质量功能矩阵

项目		m_1	m_2	m_3	m_4	m_5	m_6	m_7	m_8	…	m_{18}	n_1	n_2	n_3	…	n_{29}
变压器本体	R_1	0	0	0	0	0.6	0.6	0.2	0	…	0.8	1	1	1	…	0
高低压开关柜	R_2	0	0	0	0	0	0	0	0	…	0	0	0	0	…	1
金融服务	R_3	0	0	0	0	0	0	0	1	…	0	0	0	0	…	0
运输服务	R_4	0	0	0	0	0	0	0	0	…	0	0	0	0	…	0
安装服务	R_5	0	0	0	0	0	0	0	0	…	0	0	0	0	…	0
监控服务	R_6	0	0	0	0	0	0	0	0	…	0	0	0	0	…	0
设备检测需求	R_7	1	0	0	0	0	0	0	0	…	0	0	0	0	…	0
保修期维修服务	R_8	0.2	1	0.4	0	0	0	0	0	…	0.2	0	0	0	…	0
非保修期维修	R_9	0	0	1	1	0	0	0	0	…	0	0	0	0	…	0
回收服务	R_{10}	0	0	0	0	1	1	0	0	…	0	0	0	0	…	0
备品备件服务	R_{11}	0	0	0	0	0	0	1	0	…	0	0	0	0	…	1

77

2. 计算相似系数

根据表 3-12 中归一化后的质量屋中广义模块自相关矩阵和互相关矩阵中相关性信息，根据公式计算有相关关系的广义模块 M_{j_1} 和 M_{j_2} 在互相关矩阵中所在列的相似系数 $S_{j_1j_2}$，部分数据见表 3-13。

表 3-13　广义模块间的相似系数

	m_1	m_2	m_3	m_4	m_5	m_6	m_7	m_8	⋯	m_{18}	n_1	n_2	n_3	n_4	n_5	⋯	n_{29}
m_1		0.78	0.75	0.75	0.75	0.75	0.78	0.80	⋯	0.84	0.80	0.80	0.80	0.80	0.80	⋯	0.80
m_2			0.85	0.82	0.71	0.71	0.85	0.76	⋯	0.80	0.76	0.76	0.76	0.76	0.76	⋯	0.76
m_3				0.96	0.67	0.67	0.82	0.73	⋯	0.76	0.73	0.73	0.73	0.73	0.73	⋯	0.73
m_4					0.71	0.71	0.85	0.76	⋯	0.76	0.76	0.76	0.76	0.76	0.76	⋯	0.76
m_5						1.00	0.78	0.76	⋯	0.87	0.87	0.87	0.87	0.87	0.87	⋯	0.76
m_6							0.78	0.76	⋯	0.87	0.87	0.87	0.87	0.87	0.87	⋯	0.76
m_7								0.80	⋯	0.84	0.84	0.84	0.84	0.84	0.84	⋯	0.80
m_8									⋱	0.82	0.82	0.82	0.82	0.82	0.82	⋯	0.82
⋮										⋮	⋮	⋮	⋮	⋮	⋮		⋮
m_{18}											0.96	0.96	0.96	0.96	0.96	⋯	0.82
n_1												1.00	1.00	1.00	1.00	⋯	0.82
n_2													1.00	1.00	1.00	⋯	0.82
n_3														1.00	1.00	⋯	0.82
n_4															1.00	⋯	0.82
n_5																⋱	0.82
⋮																	⋮
n_{29}																	

3. 计算自相关强度、相关系数，并进行假设检验

计算模块自相关强度 δ_{ij} 与相似系数 $S_{j_1j_2}$ 之间的相关系数 $R_{\delta s}$，并进行假设检验。根据式(3-9)～式(3-12)，得到 $l_{\delta\delta}$，l_{ss}，$l_{\delta s}$，$r_{\delta\delta}$ 和 $r_{\delta s}$：

$$l_{\delta\delta}=8.65,\quad l_{ss}=80.93,\quad l_{\delta s}=0.91,\quad r_{\delta s}=0.03$$

将广义模块间自相关强度和相似系数之间的相关系数 $r_{\delta s}$ 代入式(3-13)，求得 $t=1.13$。对相关系数 $r_{\delta s}$ 进行假设检验，在置信度为 0.05 时，$r_{\delta s}=0$ 时，$k=0.675$。由于 $t=1.13>k=0.675$，因此，假设检验不成立。这说明广义模块间自相关强度和相似系数之间存在相关性，质量功能屋一致性检验通过。

3.4.5　广义变压器模块化实例结构的建立

根据变压器物理模块与服务模块之间的耦合关系，建立广义变压产品模块

化实例结构（图 3-16），为分析广义产品模块化结构和建立模块化设计平台奠定基础。需要说明的是，在广义产品的实例结构中，功能性服务模块已经转化为相配套的物理模块，以支持客户所需功能的技术实现。

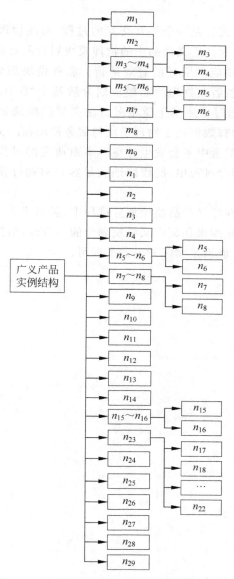

图 3-16　广义产品（变压器）的模块化实例结构

3.5 讨论与结论

　　广义产品模块化设计是一个相互交互的过程，与纯物理产品模块化和纯服务产品模块化差异较大。广义产品中的物理模块划分需要面向功能性服务的需求，同时也要保证非功能性服务的有效运行。服务模块划分需要先基于"Top-Down"进行模块化，然后在物理产品模块划分后基于"Bottom-Up"方法完善服务的模块化；最后，通过采用基于质量屋方法来检验模块划分一致性。这种交互循环式模块化过程有效保证了物理模块与服务模块在广义产品主结构中的一致性，在产品与服务配置中不会发生冲突。本章研究的过程模型和方法应用于电力变压器的模块划分过程中，能较好地满足客户对物理模块与服务模块配置的需求。

　　值得说明的是，在广义产品模块划分过程中，虽然建立了模糊聚类树分析了模块构成，并通过质量屋来保证广义模块划分的一致性，但模块划分后的解为合理解，而并非最优解，能满足实际开发需求即可。

第4章 广义产品双层模块规划方法

对于广义产品提供商来说,广义产品中模块类型及定制程度是一个非常重要的决策,直接关系到产品的个性化与制造成本。广义产品的提供过程是一个两层次的过程,即服务方案层和零部件层。在模块划分完成后,必须要确定广义产品的模块类型(基本模块、必须模块与可选模块),并确定用户定制决策的模块及其属性(服务方案层)和制造商决策的模块及其属性(零部件层)。这是建立广义产品模块化主结构和模块化配置设计的前提和基础工作。

在模块类别决策方面,常艳等基于灰色系统的客户需求聚类模型,从客户需求中分析出基本功能需求模块和辅助功能需求模块[175]。李中凯等将引入模糊Kano模型进行需求分类,提出了基于需求类别扩展法构建物料流、能量流和信号流表达的产品功能模型;并通过启发规则识别产品功能模块,根据所满足的需求类别,设置基本模块、柔性模块和个性模块的类别[176]。在定制程度分析方面,一些文献提供了一系列描述不同定制程度的框架[177-179],然而,这些研究并没有给出定量化的大规模定制程度计算方法。这些研究观点之一是:需要从客户需求角度来确定模块定制水平。周乐等建立了定制产品、标准产品和总产品的需求函数以及厂商利润函数,通过这些模型研究了定制程度和定制产品与标准产品的价格差对市场总需求的影响[180]。徐哲等提出了基于效用的顾客属性定制偏好测量模型和基于属性重要度的产品定制程度测量模型,建立了不同偏好群体定制程度与顾客满意度之间的回归模型[181]。在模块属性选择决策方面,伊辉勇等利用联合分析模型对产品定性构件和定量构件特征水平的效用进行量化,决定产品定制程度和配置权归属[182]。以上学者所提出的方法,有力地支持了面向用户需求的物理产品模块类别划分和模块属性决策。

然而,广义产品模块划分后,需要建立两个层次的模块类,即服务方案层和零部件层。这需要开展两方面的研究:①确定不同类型广义产品的模块类型(基本模块、必须模块与可选模块);②找出不同类型广义产品中的用户决策模块及属性,以及制造商决策的模块及属性,确定用户定制的模块及属性。

本章针对广义产品两层次的模块规划需求,基于 Kano 模型实现不同类型广义产品的模块类型确定。基于结合分析法,规划了不同类型广义产品中的用户决策模块及属性,以及制造商决策的模块及属性,为广义产品的主结构建模和优化配置设计奠定了基础。

4.1　广义产品服务方案层与零部件层模块规划方法学

如图 4-1 所示,广义产品服务方案层与零部件层模块规划方法由五个阶段组成,即:需求收集、确定广义模块类别、确定广义模块实例、广义模块规划、建立主结构等。每个阶段均由若干方法来实现,简要介绍如下。

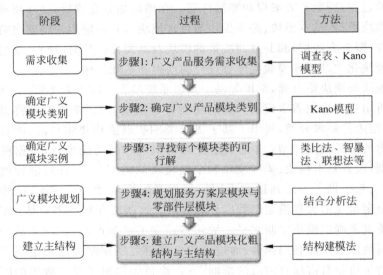

图 4-1　一个五步骤的广义产品服务方案层组合过程与方法

步骤 1:广义产品服务需求收集。为了判别模块属于基本模块、必须模块或可选模块,必须通过有效的方法来获取不同层次和不同群体的对模块类的需求。首先,通过定量顾客需求信息通常通过调查表来获取[159]。然后,通过采用 Kano 模型来细分和理解顾客需求,将顾客需求分为基本型需求、期望型需求和兴奋型需求加以归类整理,为不同类型和层次产品规划做准备[161]。

步骤 2:确定广义产品模块类别。相同的模块在不同类型的广义产品中,其模块类别可能不同。市场调查所得到的针对模块类的顾客需求,通常是顾客用自己的语言表达的对产品或服务的需求,属于定性化的需求,必须将定性化的需求转化为定量计算已确定服务模块类别。本章基于 Kano 模型,将六种不同类型的需求赋值,然后计算用户对每种模块类的总评价值,根据评价值确定模块类别。

步骤 3:寻求每个模块类的可行解。对于每种模块类,必须找到实现模块类的多种原理解,形成一个含有多个解的集合。解集可以采用编排表式(茨维基成为形态学箱法)的方式来管理,将各种解按照种类和复杂程度进行编排储存。用作拟订总体方案时的组合参考[90]。

步骤 4:规划服务方案层模块与零部件层模块。本章基于联合分析法对三种广义产品的模块类及实例进行组合评价,得到效用值、重要度等指标,根据指标评价用户决策的模块和制造商决策的模块,为广义产品双层优化配置设计奠定基础。

步骤 5:建立广义产品模块化粗结构与主结构。根据广义产品服务方案模块划分优化结果建立广义产品的粗结构。根据服务方案层和零部件层的模块类别结果建立广义产品模块化主结构。

五个步骤的详细过程分别见 4.1.1 节、4.1.2 节、4.1.3 节、4.1.4 节和4.1.5 节。

4.1.1 广义产品服务需求收集

广义产品服务需求信息主要包括三个部分:顾客对产品需求的描述、各项顾客需求的重要度,以及顾客对本公司产品和市场上同类竞争者产品的各项需求的满意度。其中顾客对产品需求的描述是定性的需求信息,后两部分属于定量的需求信息[159,160]。广义产品需求收集主要包括四个步骤:合理确定调查对象、确定合理的调查方法、进行市场调查和顾客需求的整理。采用 Kano 模型对调查获得的所有信息资料进行整理和初步分类。Kano 的质量模型将顾客需求分为基本型需求、期望型需求和兴奋型需求[161],Kano 的具体介绍及使用方法见 3.2.2 节。

基于第 3 章的广义产品模块划分结果,针对每个模块进行客户需求收集与分类。基于 Kano 模型的需求问题设置与评价见表 4-1 与表 4-2。

表 4-1 Kano 模型中的正向问题与反向问题

问　　题	回　　答
正向问题:如果您可以定制广义产品的 ** 模块,您的感受如何?	非常满意、满意、中
反向问题:如果您不可以定制广义产品的 ** 模块,您的感受如何?	立、可以忍受、不满意

表 4-2　Kano 评价表

模块及属性的决策需求		反向问题				
		非常满意	满意	中立	可以忍受	不满意
正向问题	非常满意	D	E	E	E	A
	满意	P	I	I	I	B
	中立	P	I	I	I	B
	可以忍受	P	I	I	I	B
	不满意	P	P	P	P	D

在表 4-2 中,分别对客户进行正反问题的调研,得到正反问题交互矩阵。将交互的结果综合表达为基本型需求(B)、期望型需求(A)和兴奋型需求(E)。其他几种结果分别为中立结果(I)、对立结果(P)和困惑结果(D)。

4.1.2　确定广义产品模块类别

相同的模块在不同类型的广义产品中,其模块类别可能不同。如杭州市面向公共服务的租赁型自行车的车锁机构,在面向公共自助服务时,其车锁模块为基本模块,且不可选择。而用来销售的自行车,其车锁机构为可选模块,即可有可无的模块。因此,在确定广义产品模块类别时,必须针对集成服务型产品、面向功能的产品和面向结果的产品分别打分。

基于表 4-2 中的设定原则,给这三种产品进行模块需求调研结果赋值,以实现广义模块类别确定的定量化。设表 4-2 中的分数值表达式为:基本型需求(B)、期望型需求(A)、兴奋型需求(E)、中立结果(I)、对立结果(P)和困惑结果(D)分别为 $C(\mathrm{B}),C(\mathrm{A}),C(\mathrm{E}),C(\mathrm{I}),C(\mathrm{P})$ 和 $C(\mathrm{D})$。

设广义产品划分后的模块集合为 $F=\{F_1,F_2,\cdots,F_n\}$,第 i 个模块经过用户打分后的六种类型需求结果的取值集合分别为 $C^i=\{C(\mathrm{B})^i,C(\mathrm{A})^i,C(\mathrm{E})^i,C(\mathrm{I})^i,C(\mathrm{P})^i,C(\mathrm{D})^i\}$,$i=1,2,\cdots,n$。设选择购买某种类别广义产品的客户数量为 n 个,选择第 i 个模块的偏好类型数量分别为 $m_1^i,m_2^i,m_3^i,m_4^i,m_5^i$ 和 m_6^i,建立偏好度(PD)公式,如式(4-1)所示。

$$\mathrm{PD}=\sum_{i=1}^{n}(C(\mathrm{B})^i\cdot m_1^i+C(\mathrm{A})^i\cdot m_2^i+C(\mathrm{E})^i\cdot m_3^i+$$

$$C(\mathrm{I})^i\cdot m_4^i+C(\mathrm{P})^i\cdot m_5^i+C(\mathrm{D})^i\cdot m_6^i) \tag{4-1}$$

分别针对三种不同类型的广义产品,根据计算得到每种类型中模块的 PD 值,建立 PD 值柱状图。根据实际情况的分析,设定 PD 值范围,以确定基本模块、必选模块和可选模块。原则上,PD 值较低的区段为基本模块,PD 值较高的区段为选择性模块。

4.1.3 模块实例的确定

对确定类别后的每个模块类,必须找出尽可能多的模块实例,以便规划模块配置权归属及属性值。寻找每个模块类的实例的过程,是选择实现该模块作用原理包含为实现一个需求所需的物理效应或服务模块特征。许多实例模块只有结构设计方面的问题,因此不必寻找新的物理效应;有的任务通过一项服务业务就可解决;而有的任务需要多个物理产品才能实现,或者需要物理产品与服务集成才能实现。因此,我们寻求的作用原理,它既包含物理产品必要的几何和物料特征标志,也包含一些服务业务[90,183]。通过物理效应、几何和物料特征标志和服务特征的变型来建立实例模块(解域),而且为了实现一个模块类的功能,可以有多个物理或服务效应在一个或多个功能载体上起作用。寻找模块类的实例模块的方法有查阅文献、分析自然系统、分析已有的技术系统、类比法、智暴法、联想法、陈列法、635 法等。模块类的实例存在于二维表中,二维表由行和列组成,行和列中填入按编排依据总结出来的参数。编排表被作为解的目录用于求解的所有阶段中,将各种解按种类和复杂程度作编排储存[90]。

4.1.4 广义产品的模块层次规划

1. 广义产品模块层次规划问题描述

用户可配置的模块类及实例模块越多,表明定制程度越高。针对用户角度出发,总期望提供较多的实例模块,以保证更多的个性化选择。然而,从企业成本角度来看,实例模块越多,增加可配置产品类别,必然大幅度增加企业的成本及服务的复杂度。从制造商角度,如果制造商掌握较多类型的配置实例模块权限,则制造商会尽量向用户提供利润较高的模块。因此,合理确定服务方案层和零部件层的模块决策权限是一个重要问题。

在广义产品模块层次规划阶段,必须考虑市场上用户对广义模块的偏好,只有提供客户喜欢的产品与服务,客户才有购买的欲望。在实际的广义产品规划中,可将广义产品分为三种类型:集成服务型产品(含纯物理产品)、面向功能的产品(租赁型产品)和面向结果的产品(面向结果的产品)[5]。由于产品提供类型的不同,这三种类型广义产品的规划结果也不同,必须针对这三种不同类型的广义产品分别展开,这样的评价结果才具有同类性的可比性和用户选择的准确性。

2.实例模块效用值、重要度的计算

客户偏好的获取最常用的方法是通过结合分析来实现的[184]。结合分析广泛应用于产品市场分析、产品平台规划、产品系列规划和概念设计等,能够定量得到客户对产品或服务的某个属性和某个属性水平的偏好或效用,可以用来寻找客户可接受的某种产品/服务实例模块的最佳组合[185]。结合分析的主要步骤如下[186,187]。

(1)确定产品或服务的模块类与模块实例

结合分析首先要对产品/服务的属性和属性水平进行识别,所确定产品/服务的属性和属性水平必须是显著影响客户购买的因素。在广义产品服务方案层规划中,属性为广义产品的模块功能需求,属性水平为功能的可能模块实例集合。

(2)广义产品模拟

结合分析将产品的所有模块类与模块实例集成考虑,采用正交设计的方法将这些模块类与模块实例进行组合,生成一系列模拟产品。结合分析通常采用全轮廓法,由全部属性的某个水平构成的一个组合叫做一个轮廓,每个轮廓分别用一张卡片表示。由于所有的服务方案组合可能有数万种,并不需要对所有组合产品进行评价,本节采用正交设计等方法,以减少组合数且又能反映主效应。

(3)客户偏好市场调研

调研客户或潜在的客户对所有的模拟产品进行评价,通过打分、排序等方法调查受访者对模拟产品的喜好、购买的可能性等。

(4)计算各种方案属性的效用值

从收集的信息中分离出用户对每一模块类与模块实例的偏好值,这些偏好值即该模块类的效用值。计算模块类的模型和方法有多种,常用的有一般最小二乘法回归(OLS)模型、多元方差分析(MONANOVA)模型、LOGIT回归模型等方法[188]。本节采用最小二乘法回归模型来求解方案模块类的效用值。完整轮廓联合分析的效用函数如式(4-2)所示。

$$U(\boldsymbol{X}) = \sum_{i=1}^{m} \sum_{j=1}^{k_i} \beta_{ij} X_{ij} \qquad (4\text{-}2)$$

式中：$U(\boldsymbol{X})$ 为一个广义产品组合的总效用；β_{ij} 表示模块类 i 的第 j 个模块实例的属性值。式(4-2)表示广义产品有 $i=1,2,\cdots,m$ 个产品模块类，模块类 i 有 $j=1,2,\cdots,k_i$ 个模块实例；X_{ij} 为虚拟变量，当模块类 i 的实例 j 存在时则取值为 1，否则为 0。

结合分析是要通过建立每个广义产品的模块实例和用户的打分之间的方程，从而估计每一个模块类的效用值。对于 m 个模块类且模块类 i 有 k_i 个模块实例的联合分析，除了截距，共需要估计 $\sum\limits_{i=1}^{m} k_i - m$ 个模型系数。对于每个模块类的 k_i 个模块实例，需将其系数限制为 0，估计其余的 k_i-1 个系数。这样估计的模块实例的值表示的是参照水平的差异。如果值的符号是正的，则表示该属性水平的效用比参照水平高；如果是负值，则表示比参照水平低。假设 $t = \sum\limits_{i=1}^{m} k_i - m$，基于一定的试验设计方法（正交设计），每个被访者至少需要对 S 个产品组合进行打分，则每个人有 S 个数据点。对于被访者 h 和产品 s，$s=1,2,\cdots,S$，其线性回归方程如式(4-3)所示。

$$Y_{hs} = \beta_{0h} + \beta_{1h} X_{1hs} + \beta_{2h} X_{2hs} + \cdots + \beta_{th} X_{ths} + e_{hs} \qquad (4\text{-}3)$$

式中，Y_{hs} 为消费者 h 对产品 s 的打分；$X_{1hs} \sim X_{ths}$ 为产品 s 不同模块实例的虚拟变量值；$\beta_{0h} \sim \beta_{th}$ 分别为被访者 h 的模型系数，β_{0h} 为模型的截距，$\beta_{1h} \sim \beta_{th}$ 为不同实例模块的效用值；e_{hs} 为被访者 h 在产品 s 的模型残差，假设它服从平均值为 0、方差为 σ^2 的正态分布，即 $e_{hs} \sim N(0, \sigma^2)$。

其矩阵形式为 $\boldsymbol{Y}_{hs} = \boldsymbol{\alpha} + \boldsymbol{X}_{hs}\boldsymbol{\beta}_h + e_{hs}$，其中 $\boldsymbol{\alpha} = \beta_{0h}$，$\boldsymbol{X}_{hs} = \begin{bmatrix} X_{1hs} \\ \vdots \\ X_{ths} \end{bmatrix}$，

$\boldsymbol{\beta}_h = \begin{bmatrix} \beta_{1h} & \cdots & \beta_{th} \end{bmatrix}$。

根据 OLS 的基本原则，使直线与各散点的距离的平方和最小，实际上是使残差平方和最小，如式(4-4)所示。

$$\text{RSS} = \sum_{i=1}^{t} (Y_{ths} - \hat{Y}_{ths})^2 = \sum_{i=1}^{t} (Y_{ths} - \hat{\alpha} - X_{ths}\hat{\beta}_{th}) \qquad (4\text{-}4)$$

根据最小化一阶条件，将上式分别对 $\hat{\beta}, \hat{\alpha}$ 求偏导，令其为零，得到结果如式(4-5)所示。

$$\hat{\beta} = \frac{\sum X_{ths} Y_{ths} - t \overline{X_{hs} Y_{hs}}}{\sum X_{ths}^2 - T X_{hs}^2}, \quad \hat{\alpha} = \overline{Y}_{hs} - \hat{\beta} \overline{X}_{hs} \tag{4-5}$$

（5）模块实例相对重要性

第 i 个模块实例的重要性 I_i 由贡献最大与贡献最小的模块效用值之差得到，由式（4-6）表示。

$$I_i = \{\max(a_{ij}) - \min(a_{ij})\}, \quad i=1,2,\cdots,m, \quad j=1,2,\cdots,k_i \tag{4-6}$$

对于模块实例 i 的全部实例，第 i 个模块实例的相对重要性 W_i 是通过对 I_i 进行标准化计算而得到的，如式（6-4）所示。

$$W_i = \frac{I_i}{\sum\limits_{i=1}^{m} I_i} \tag{4-7}$$

在模块实例组合的客户偏好的实际定量化计算中，常采用社会科学统计程序包（statistics package for social science，SPSS）的 Conjoint 模块功能进行正交设计，创建所需的正交表，对可能的原理组合进行结合分析[188]。

3. 服务方案层模块与零部件层模块规划

基于用户定性需求分析，对这些需求进行定量化打分，得到了模块类和实例模块的若干参数值（效用值、偏差和重要度等），基于这些参数值进行模块实例决策和模块层次决策。具体原则如下：

一是根据实际情况将重要度低的模块划分为零部件层决策模块，将重要度高的模块划分为服务方案层决策模块。

二是去除冗余模块。尽可能减少基本模块和选择模块中的决策实例，主要去掉一些效用值低的模块。

三是去掉不参与决策的基本模块，服务方案层中的选择模块一般情况下为用户决策的模块，零部件层中决策的选择性模块一般为制造商决策模块。

4.1.5　广义产品的双层次模块主结构的建立

基于上述广义产品服务方案层与零部件层模块规划结果，可以确定双层的模块构成、模块类别、模块实例等，基于这些模块及实例，可以初步建立广义产品模块化粗结构和主结构。广义产品模块化粗结构主要是面向服务方案层的模块规划结构，基于一般由第一、二层组成，由物理产品关键模块、选择性的物理模块、免费或配套的服务模块、增值服务模块等组成,用户可通过粗结构配置出满意度较高的产品服务集合。在图 4-2 的广义产品模块化粗结构中,虚线部分表达了纯物理产品、集成服务型产品、面向功能的产品和面向结果的产品各自的模块构成,各自类型不同,模块的构成及属性也不同。值得说明的是,有些模块如物理模块本体、免费配套服务模块等是基本模块,这些基本模块是广义产品提供中都必须有的共有模块,其余则是可选模块。一般需要分别建立三种类型产品的粗结构。

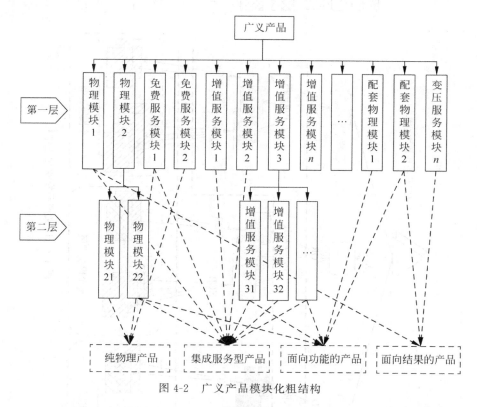

图 4-2　广义产品模块化粗结构

在模块化的广义产品主结构中,不同类型的广义产品,两个层次的模块类别、数量和粒度均有明显区别。图 4-3 所示为不同类型广义模块的粒度与层次。线①为集成服务型产品双层模块分离线,线②为面向功能的产品双层模块分离线,线③为面向结果的产品双层模块分离线。在集成服务型产品模块规划中,用户购买产品与服务,参与选择的模块粒度很细;在面向功能的广义产品模块规划中,用户主要是租赁产品,用户参与选择的模块较粗,而制造商可决策的模块较细;

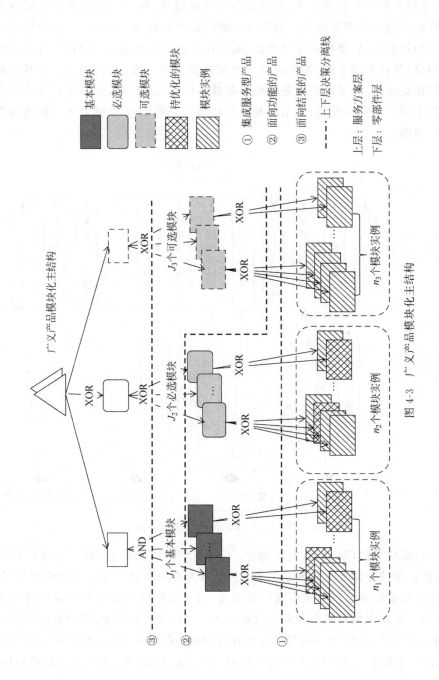

图 4-3　广义产品模块化主结构

在面向结果的广义产品模块规划中,用户购买产品的作用结果,只关心产品与服务组合,选择的模块数量较少、粒度最粗,而制造商参与决策模块数量较多、粒度最细。

4.2　案例验证

4.2.1　广义变压器服务需求收集

变压器是一个长生命周期产品,有效寿命大约 20 年。在变压器的销售、运行、维修、回收和再制造等阶段,存在多种形式的产品服务,如检测服务、远程故障诊断服务、监控服务等。这些服务的存在会影响变压器物理产品的结构设计,这些服务的集成提供也为制造企业带来了更高价值附加值,提高了产品的利润率和可持续性。

通过调查表来收集用户对变压器的服务需求,采用 Kano 模型来细分和理解顾客需求,将顾客需求分为基本型需求、期望型需求和兴奋型需求加以归类整理。

在第 3 章广义产品模块划分的基础上,得到了 28 种广义模块类。这 28 种模块类分别为:{变压服务的变压器本体(包含独立的三类服务购买变压器、租赁变压器和购买变压后的电力)(F_1)、导线盒及控制电缆(F_2)、散热片(F_3)、温度控制器(F_4)、蝶阀(F_5)、储油柜(F_6)、高压套管(F_7)、低压套管(F_8)、在线滤油机(F_9)、气体继电器(F_{10})、压力释放阀(F_{11})、高低压开关控制柜(F_{12})、色谱微水监测 IED 组件(F_{13})、局部放电监测 IED 组件(F_{14})、套管绝缘监测 IED 组件(F_{15})、铁芯监测 IED 组件(F_{16})、绕组温度光纤监测 IED 组件(F_{17})、冷却单元测控 IED 组件(F_{18})、例行试验(F_{19})、型式试验(F_{20})、特殊试验(F_{21})、金融服务模块(F_{22})、运输服务模块(F_{23})、安装服务模块(F_{24})、保修期维修(F_{25})、非保修期(F_{26})、回收服务(F_{27})、备品备件(F_{28})}。调研了 60 个潜在客户和已经使用变压器的用户,分别有 35 位用户选择了购买变压器、15 位选择了租赁变压器、10 位选择了购买变压后的电力。

1. 集成服务型产品

运用表 4-1 和表 4-2 中的 Kano 需求打分方法,最终的变压器广义产品模块需求收集结果如表 4-3 所示。其中 F_1 为购买变压器时的变压器本体。

表 4-3　集成服务型产品模块需求收集

	基本型需求(B)	期望型需求(A)	兴奋型需求(E)	中立结果(I)	对立结果(P)	困惑结果(D)
F_1	35					
F_2	35					
F_3	35					
F_4	35					
F_5	35					
F_6	35					
F_7	5	30				
F_8	5	30				
F_9	5	30				
F_{10}	5	30				
F_{11}	5	30				
F_{12}		5	30			
F_{13}		8	25	2		
F_{14}		8	25	2		
F_{15}		8	25	2		
F_{16}		8	25	2		
F_{17}		8	25	2		
F_{18}		8	25	2		
F_{19}		25	10			
F_{20}		25	10			
F_{21}		25	10			
F_{22}		25	10			
F_{23}	35					
F_{24}	10	22	3			
F_{25}	25	10				
F_{26}	10	20	5			
F_{27}	5	10	20			
F_{28}	30	5				

2. 面向功能的变压服务

在面向功能的产品模块需求分析中,部分模块已不必配置,可提供的模块如表 4-4 所示。其中 F_1 为租赁变压器时的变压器本体。

表 4-4　面向功能的变压服务模块需求收集

	基本型需求(B)	期望型需求(A)	兴奋型需求(E)	中立结果(I)	对立结果(P)	困惑结果(D)
F_1	15					
F_2	15					
F_3	15					
F_4	15					
F_5	15					
F_6	15					
F_7	15					
F_8	15					
F_9	15					
F_{10}	15					
F_{11}	15					
F_{12}	5	10				
F_{13}		3	10	2		
F_{14}		3	10	2		
F_{15}		3	10	2		
F_{16}		3	10	2		
F_{17}		3	10	2		
F_{18}		3	10	2		
F_{19}		3	10	2		
F_{20}		3	10	2		
F_{21}		3	10	2		
F_{22}						
F_{23}	13	2				
F_{24}		5	10			
F_{25}	5	10				
F_{26}	1	5	9			
F_{27}						
F_{28}	10	5				

3. 面向结果的变压服务

面向功能的产品需求分析中,部分模块已不必配置,60 人中有 10 人参与调研,可提供的模块如表 4-5 所示。其中 F_1 为卖变压服务时的变压器本体。

表 4-5　面向结果的变压服务需求收集

	基本型需求(B)	期望型需求(A)	兴奋型需求(E)	中立结果(I)	对立结果(P)	困惑结果(D)
F_1	2	6	3			
F_2	10					
F_3	10					
F_4	10					
F_5	10					
F_6	10					
F_7	8	2				
F_8	8	2				
F_9	8	2				
F_{10}	8	2				
F_{11}	8	2				
F_{12}	7	3				
F_{13}	6	2	2			
F_{14}	6	2	2			
F_{15}	6	2	2			
F_{16}	6	2	2			
F_{17}	6	2	2			
F_{18}	6	2	2			
F_{19}	7	2	1			
F_{20}	7	2	1			
F_{21}	7	2	1			
F_{22}						
F_{23}	8	2				
F_{24}	9	1				
F_{25}						
F_{26}	8	2				
F_{27}						
F_{28}	9	1				

4.2.2　广义变压器模块类别确定

给这六种调研结果打分,各种的分数值如下:$C(B)=0.2$,$C(A)=0.3$,$C(E)=0.4$,$C(I)=-0.1$,$C(P)=C(D)=0$。根据式(4-1)得到每个模块类的用户偏好值,分别如图4-4、图4-5和图4-6所示。

根据图4-4中的集成服务型变压器的用户偏好值分析,可将 S 设定值为7.5与10.0。对于用户,7.0线以下的模块为基本模块,7.5~10.0之间的为必须模块,而大于10.0的为可选模块。因此,集成服务型变压器的基本模块为变压器本体、导线盒及控制电缆、散热片、温度控制器、蝶阀、储油柜、运输服务模块等。

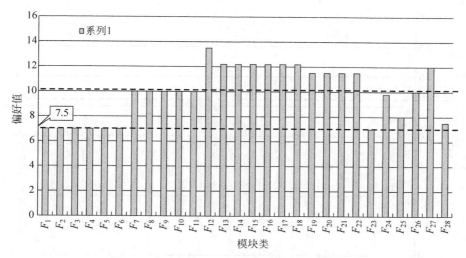

图 4-4　集成服务型变压器模块类的用户偏好值

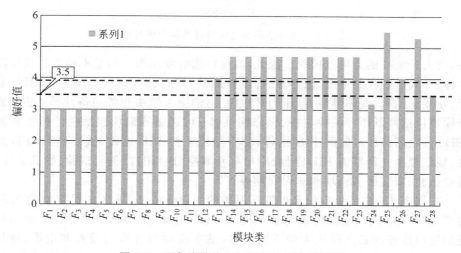

图 4-5　面向功能的变压服务的用户偏好值

必须模块包括高压套管、低压套管、在线滤油机、气体继电器、压力释放阀、安装服务模块、保修期维修、非保修期、备品备件等；可选服务模块包括高低压开关控制柜、色谱微水监测 IED 组件、局部放电监测 IED 组件、套管绝缘监测 IED 组件、铁芯监测 IED 组件、绕组温度光纤监测 IED 组件、冷却单元测控 IED 组件、例行试验、型式试验、特殊试验、金融服务模块和回收服务等。

根据图 4-5 中的面向功能的变压服务的用户偏好值，可将 S 设定值为 3.5 与 4.0。对于用户，3.5 线以下的模块为基本模块，3.5～4.0 之间的为必须模

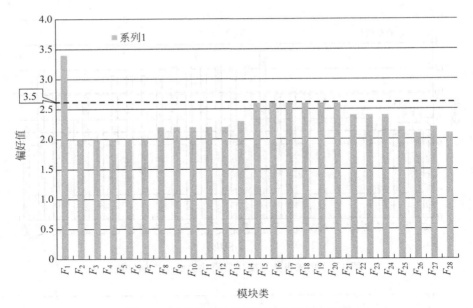

图 4-6　面向结果的变压服务的用户偏好值

块,而大于 4.0 的为可选模块。因此,面向功能的变压服务的基本模块为变压器本体、导线盒及控制电缆、散热片、温度控制器、蝶阀、储油柜、高压套管、低压套管、在线滤油机、气体继电器、压力释放阀、运输服务模块和备品备件等;必选服务模块包括高低压开关控制柜、保修期维修;可选服务模块包括色谱微水监测 IED 组件、局部放电监测 IED 组件、套管绝缘监测 IED 组件、铁芯监测 IED 组件、绕组温度光纤监测 IED 组件、冷却单元测控 IED 组件、例行试验、型式试验、特殊试验、安装服务模块和非保修期等。

　　根据图 4-6 中的面向结果的变压服务的用户偏好值,可将 S 设定值为 3.5。对于用户,3.5 线以下的模块为基本模块,线以上的为必须模块。因此,面向功能的变压服务的必选模块为变压器本体,基本模块为导线盒及控制电缆、散热片、温度控制器、蝶阀、储油柜、高压套管、低压套管、在线滤油机、气体继电器、压力释放阀、运输服务模块、备品备件、高低压开关控制柜、色谱微水监测 IED 组件、局部放电监测 IED 组件、套管绝缘监测 IED 组件、铁芯监测 IED 组件、绕组温度光纤监测 IED 组件、冷却单元测控 IED 组件、例行试验、型式试验、特殊试验、安装服务模块和非保修期等。

4.2.3　模块类的实例寻找

　　假定:所有产品提供与服务均为变压器制造企业来主导完成。10kV 级电力变压器是当前面向中小团体用户的主流变压器,主要型号有 S9 型、S9-M 型、SG10 型、S11 型、S11-M 型等,其中 S9 型变压器是较耗能的,而 S11-M 型变压器是最节能的变压器。用户在选择购买变压器的同时,也可以选择租赁变压器或购买变压后的电力服务,但租赁变压器或购买电力服务两种类型的业务模式都需要配套相关的高低压开关柜等辅助设备。

采用多种原理解寻求方法,如类比法、智暴法、联想法等,完成每种模块类的实例模块集合,形成表 4-6 所示的解集。

表 4-6　每个模块类的实例

模块类		模块实例	MI1	MI2	MI3
N1	变压服务	购买变压器	S9 型本体	S10 型本体	S11 型本体
		租赁变压器	S9 型本体	S10 型本体	S11 型本体
		购买变压后的电力	S9 型本体	S10 型本体	S11 型本体
N2	变压器基本辅助模块	导线盒及控制电缆	JC1	JC2	
		散热片			
		温度控制器			
		蝶阀			
		储油柜			
N3	高压套管		COT-550/800	COT-551/800	COT-552/800
N4	低压套管		BD-20/3150	BD-21/3151	BD-22/3152
N5	在线滤油机		R1	R2	
N6	气体继电器		BF-80/10	BF-88/10	
N7	压力释放阀		YSF8-55/130kJ	YSF8-56/130kJ	
N8	高低压开关控制柜		K1 型	K2 型	K3 型
N9	监控服务	色谱微水监测 IED 组件	iMGA2020	iMGA2021	
N10		局部放电监测 IED 组件	iPDM2020T	iPDM2021T	
N11		套管绝缘监测 IED 组件	iIMM2020	iIMM2021	
N12		铁芯监测 IED 组件	iOCM2020	iOCM2021	
N13		绕组温度光纤监测 IED 组件	iOFT2020	iOFT2021	
N14		冷却单元测控 IED 组件	iCSM2020	iCSM2021	
N15	检测服务	例行试验	例行试验		
N16		型式试验	型式试验		
N17		特殊试验	特殊试验		
N18	金融服务模块		厂家直接租赁	第三方租赁	银行分期付款
N19	运输服务模块		委托运输企业	销售企业运输	用户自己运输
N20	安装服务模块		委托安装企业	销售企业安装	

续表

模块类		模块实例	MI1	MI2	MI3
N21	维修	保修期维修	1 年保修	2 年保修	3 年保修
N22	服务	非保修期	日常维修	全责绩效服务	
N23		回收需求	以旧换新	完全回收	不回收
N24		备品备件	SP1	SP2	

4.2.4 广义变压器的模块规划

1. 广义产品的组合方案评价

（1）面向客户需求的可能实例模块集合

变压器功能方案的组合规划与分析就是产品生命周期中所有产品与服务的有机组合。根据各种实例模块的解决方案，将"不选择"的项和客户对服务需求的价格因素等加入，形成最完整的面向客户需求的可能实例模块集合，如表 4-7 所示。

表 4-7　顾客对每个变压服务需求的模块实例可能选择集合

模块类		模块实例	MI1	MI2	MI3	MI4
N1	变压服务	购买变压器	S9 型	S10 型	S11 型	
		租赁变压器	S9 型	S10 型	S11 型	
		购买变压后的电力	S9 型	S10 型	S11 型	
N2		变压器基本辅助模块	JC1	JC2		
N3		高压套管	COT-550/800	COT-551/800	COT-552/800	
N4		低压套管	BD-20/3150	BD-21/3151	BD-22/3152	
N5		在线滤油机	R1	R2		
N6		气体继电器	BF-80/10	BF-88/10		
N7		压力释放阀	YSF8-55/130kJ	YSF8-56/130kJ		
N8		高低压开关控制柜	K1 型	K2 型	K3 型	不提供
N9	监控服务	色谱微水监测 IED 组件	iMGA2020	iMGA2021	不监控	
N10		局部放电监测 IED 组件	iPDM2020T	iPDM2021T	不监控	
N11		套管绝缘监测 IED 组件	iIMM2020	iIMM2021	不监控	
N12		铁芯监测 IED 组件	iOCM2020	iOCM2021	不监控	
N13		绕组温度光纤监测 IED 组件	iOFT2020	iOFT2021	不监控	
N14		冷却单元测控 IED 组件	iCSM2020	iCSM2021	不监控	

续表

模块类 \ 模块实例		MI1	MI2	MI3	MI4
N15	检测服务 例行试验	例行试验	不检测		
N16	型式试验	型式试验	不检测		
N17	特殊试验	特殊试验	不检测		
N18	金融服务模块	厂家直接租赁	第三方租赁	银行分期付款	不贷款
N19	运输服务模块	委托运输企业	销售企业运输	用户自己运输	
N20	安装服务模块	委托安装企业	销售企业安装		
N21	维修服务 保修期维修	1 年保修	2 年保修	3 年保修	
N22	非保修期	日常维修	全责绩效服务		
N23	回收需求	以旧换新	完全回收	不回收	
N24	备品备件	SP1	SP2		

为了方便计算,将模块实例进行符号化表述。E_{ij} 表示第 i 个模块类中的第 j 个实例模块,如表 4-8 所示。

表 4-8　模块实例的符号化

模块类 \ 实例	S1	S2	S3	S4	模块类 \ 实例	S1	S2	S3	S4
N1	E_{11}	E_{12}	E_{13}		N13	E_{131}	E_{132}	E_{133}	
N2	E_{21}	E_{22}			N14	E_{141}	E_{142}	E_{143}	
N3	E_{31}	E_{32}	E_{33}		N15	E_{151}	E_{152}		
N4	E_{41}	E_{42}	E_{43}		N16	E_{161}	E_{162}		
N5	E_{51}	E_{52}			N17	E_{171}	E_{172}		
N6	E_{61}	E_{62}			N18	E_{181}	E_{182}	E_{183}	E_{184}
N7	E_{71}	E_{72}			N19	E_{191}	E_{192}	E_{193}	
N8	E_{81}	E_{82}	E_{83}	E_{84}	N20	E_{201}	E_{202}		
N9	E_{91}	E_{92}	E_{93}		N21	E_{211}	E_{212}	E_{213}	
N10	E_{101}	E_{102}	E_{103}		N22	E_{221}	E_{222}		
N11	E_{111}	E_{112}	E_{113}		N23	E_{231}	E_{232}	E_{231}	
N12	E_{121}	E_{122}	E_{123}		N24	E_{241}	E_{242}		

（2）原理解的冲突分析与消除

从理论上计算,共有 13 060 694 016 种组合。然而,在实际的产品规划中,有的模块之间存在冲突,不能或者不适合配置成解决方案,因此需要分析模块间的冲突关系来除去冗余组合。由于客户选择"变压服务"的时候,只能选择一种,即 F_1 中的三种类型只能选择一种,并且面向功能的和面向结果的变压服务选择之后,其余服务模块的选择会受到严格约束。因此,可以把购买变压器与面向功能的变压服务和面向结果的变压服务单独列出来选择组合。值得说明的是,三种不同类型的广义产品中,模块类型及其属性会不相同。可能实例集合见表 4-9、表 4-10 和表 4-11。

表 4-9　选择购买变压器时的可能模块实例集合

模块类 \ 实例	S1	S2	S3	S4	模块类 \ 实例	S1	S2	S3	S4
N1	E_{11}	E_{12}	E_{13}		N13	E_{131}	E_{132}	E_{133}	
N2	E_{21}	E_{22}			N14	E_{141}	E_{142}	E_{143}	
N3	E_{31}	E_{32}	E_{33}		N15	E_{151}	E_{152}		
N4	E_{41}	E_{42}	E_{43}		N16	E_{161}	E_{162}		
N5	E_{51}	E_{52}			N17	E_{171}	E_{172}		
N6	E_{61}	E_{62}			N18	E_{181}	E_{182}	E_{183}	E_{184}
N7	E_{71}	E_{72}			N19	E_{191}	E_{192}	E_{193}	
N8	E_{81}	E_{82}	E_{83}	E_{84}	N20	E_{201}	E_{202}		
N9	E_{91}	E_{92}	E_{93}		N21	E_{211}	E_{212}	E_{213}	
N10	E_{101}	E_{102}	E_{103}		N22	E_{221}	E_{222}		
N11	E_{111}	E_{112}	E_{113}		N23	E_{231}	E_{232}	E_{231}	
N12	E_{121}	E_{122}	E_{123}		N24	E_{241}	E_{242}		

表 4-10　选择租赁变压器时的可能模块实例集合

模块类 \ 实例	S1	S2	S3	S4	模块类 \ 实例	S1	S2	S3	S4
N1	E_{11}	E_{12}	E_{13}		N12	E_{121}	E_{122}	E_{123}	
N2	E_{21}	E_{22}			N13	E_{131}	E_{132}	E_{133}	
N3	E_{31}	E_{32}	E_{33}		N14	E_{141}	E_{142}	E_{143}	
N4	E_{41}	E_{42}	E_{43}		N15	E_{151}	E_{152}		
N5	E_{51}	E_{52}			N16	E_{161}	E_{162}		
N6	E_{61}	E_{62}			N17	E_{171}	E_{172}		
N7	E_{71}	E_{72}			N19	E_{191}	E_{192}	E_{193}	
N8	E_{81}	E_{82}	E_{83}	E_{84}	N20	E_{201}	E_{202}		
N9	E_{91}	E_{92}	E_{93}		N21	E_{211}	E_{212}	E_{213}	
N10	E_{101}	E_{102}	E_{103}		N22	E_{221}	E_{222}		
N11	E_{111}	E_{112}	E_{113}		N24	E_{241}	E_{242}		

表 4-11 选择购买变压后的电力时的可能模块实例集合

模块类＼实例	S1	S2	S3	模块类＼实例	S1	S2	S3
N1	E_{11}	E_{12}	E_{13}	N12	E_{121}	E_{122}	
N2	E_{21}	E_{22}		N13	E_{131}	E_{132}	
N3	E_{31}	E_{32}	E_{33}	N14	E_{141}	E_{142}	
N4	E_{41}	E_{42}	E_{43}	N15	E_{151}	E_{152}	
N5	E_{51}	E_{52}		N16	E_{161}	E_{162}	
N6	E_{61}	E_{62}		N17	E_{171}	E_{172}	
N7	E_{71}	E_{72}		N19	E_{191}	E_{192}	E_{193}
N8	E_{81}	E_{82}	E_{83}	N20	E_{201}	E_{202}	
N9	E_{91}	E_{92}		N22	E_{221}	E_{222}	
N10	E_{101}	E_{102}		N24	E_{241}	E_{242}	
N11	E_{111}	E_{112}					

2. 广义产品的模块组合方案评价

（1）计算广义产品的效用值与重要度

通过 SPSS 软件可以计算出产品与服务属性水平的效用值,需要通过调查者来对每个服务方案进行打分。分数范围如表 4-12 所示,9 分表示肯定购买,1 分表示肯定不购买,从 9 分到 1 分,购买的可能性在逐渐降低,根据对潜在购买变压器的客户的随机调查得到每个方案的分值,即可计算得到广义模块实例的效用值。

表 4-12 购买可能性

肯定不购买	1	2	3	4	5	6	7	8	9	肯定购买

总共选择了 60 个潜在客户作为调查者,每个调查者均要求对服务方案进行独立打分。用户选择的服务方案 F_1,F_2 和 F_3 的正交实验设计分别生成了 64 张随机卡片集,其中 35 位客户选择购买变压器产品(F_1 方案),15 位客户选择租赁变压器(F_2 方案),10 位客户选择购买变压服务(F_3 方案)。生成的 F_1 服务方案的正交卡片及打分结果如表 4-13 所示。

表 4-13　F_1 服务方案的正交卡片及打分结果

卡标识	购买变压器本体	基本辅助模块	高压套管	低压套管	在线滤油机	气体继电器	压力释放阀	高低压开关控制柜	…	备品备件	打分1	打分2	打分3	打分4	…	打分34	打分35
1	E_{11}	E_{21}	E_{32}	E_{41}	E_{51}	E_{62}	E_{72}	E_{82}	…	E_{242}	6	7	5	5	…	5	4
2	E_{12}	E_{21}	E_{31}	E_{41}	E_{51}	E_{62}	E_{72}	E_{84}	…	E_{242}	7	8	7	8	…	4	6
3	E_{11}	E_{21}	E_{31}	E_{41}	E_{51}	E_{62}	E_{72}	E_{82}	…	E_{242}	5	6	6	6	…	6	5
4	E_{11}	E_{21}	E_{41}	E_{41}	E_{51}	E_{62}	E_{72}	E_{84}	…	E_{242}	7	7	7	7	…	5	6
5	E_{11}	E_{21}	E_{43}	E_{43}	E_{51}	E_{62}	E_{72}	E_{82}	…	E_{241}	8	8	8	8	…	7	6
6	E_{11}	E_{21}	E_{41}	E_{43}	E_{51}	E_{62}	E_{72}	E_{82}	…	E_{241}	6	8	8	8	…	6	6
7	E_{11}	E_{21}	E_{41}	E_{41}	E_{51}	E_{62}	E_{71}	E_{72}	…	E_{241}	4	5	5	5	…	5	2
8	E_{11}	E_{21}	E_{41}	E_{41}	E_{51}	E_{62}	E_{72}	E_{72}	…	E_{241}	6	6	6	6	…	6	1
9	E_{11}	E_{21}	E_{41}	E_{43}	E_{51}	E_{62}	E_{72}	E_{82}	…	E_{242}	8	9	7	6	…	5	8
10	E_{11}	E_{21}	E_{41}	E_{41}	E_{51}	E_{62}	E_{72}	E_{83}	…	E_{242}	6	6	6	6	…	6	6
11	E_{11}	E_{21}	E_{41}	E_{41}	E_{51}	E_{62}	E_{72}	E_{83}	…	E_{242}	5	6	5	5	…	5	5
12	E_{11}	E_{21}	E_{41}	E_{43}	E_{51}	E_{62}	E_{72}	E_{82}	…	E_{242}	6	6	6	6	…	6	6
13	E_{11}	E_{21}	E_{41}	E_{41}	E_{51}	E_{62}	E_{72}	E_{82}	…	E_{242}	6	6	6	6	…	6	6
⋮																	
63	E_{11}	E_{21}	E_{31}	E_{41}	E_{51}	E_{62}	E_{72}	E_{84}	…	E_{242}	6	6	6	4	…	4	4
64	E_{11}	E_{21}	E_{31}	E_{41}	E_{51}	E_{62}	E_{71}	E_{84}	…	E_{242}	6	7	5	6	…	6	6

对 F_1 中的 64 个方案进行打分，然后将打分结果输入 SPSS 联合分析程序中，求得属性水平的效用值及重要性，如图 4-7 所示。

图 4-7　基于 SPSS 的属性联合分析程序、效用值及重要性

按照以上步骤分别对广义产品 F_2 和 F_3 进行打分，同样得到各轮廓中模块实例的效用值和各模块类的重要性。最终的属性值如表 4-14、表 4-15 和表 4-16 所示。

表4-14　广义产品 F_1 的效用值与重要性

模块	模块	效用值	标准误	重要性值
购买变压器	S9型	0.127	0.13	1.976
	S10型	-0.069	0.152	
	S11型	-0.058	0.152	
变压器基本辅助模块	JC1	0.047	0.097	1.643
	JC2	-0.047	0.097	
高压套管	COT-550/800	0.028	0.13	4.738
	COT-551/800	0.046	0.152	
	COT-552/800	-0.074	0.152	
低压套管	BD-20/3150	-0.243	0.13	6.611
	BD-21/3151	0.433	0.152	
	BD-22/3152	-0.19	0.152	
在线滤油机	R1	0.066	0.097	4.63
	R2	-0.066	0.097	
气体继电器	BF-80/10	-0.01	0.097	2.335
	BF-88/10	0.01	0.097	
压力释放阀	YSF8-55/130kJ	0.017	0.097	2.684
	YSF8-56/130kJ	-0.017	0.097	
高低压开关柜	K1型	-0.388	0.168	5.314
	K2型	0.271	0.168	
	K3型	0.169	0.168	
	不提供	-0.052	0.168	

模块	模块	效用值	标准误	重要性值
绕组温度光纤监测IED组件	iOFT2020	-0.086	0.13	4.703
	iOFT2021	0.233	0.152	
	不监控	-0.147	0.152	
冷却单元测控IED组件	iCSM2020	0.196	0.13	6.094
	iCSM2021	0.111	0.152	
	不监控	-0.307	0.152	
例行试验	例行试验	0.173	0.097	4.317
	不检测	-0.173	0.097	
型式试验	型式试验	0.162	0.097	4.028
	不检测	-0.162	0.097	
特殊试验	特殊试验	0.358	0.097	6.469
	不检测	-0.358	0.097	
金融服务	厂家直接租赁	0.085	0.168	4.774
	第三方租赁	0.16	0.168	
	银行分期付款	-0.15	0.168	
	不贷款	-0.095	0.168	
运输服务	委托运输企业运输	-0.186	0.13	4.666
	销售企业运输	0.021	0.152	
	用户自己运输	0.165	0.152	
安装服务	委托企业安装	-0.06	0.097	3.485
	销售企业安装	0.06	0.097	

模块	模块	效用值	标准误	重要性值
色谱微水监测 IED 组件	iMGA2020	−0.157	0.13	
	iMGA2021	0.114	0.152	5.241
	不监控	0.043	0.152	
局部放电监测 IED 组件	iPDM2020T	−0.216	0.13	
	iPDM2021T	0.028	0.152	4.778
	不监控	0.188	0.152	
套管绝缘监测 IED 组件	iIMM2020	−0.042	0.13	
	iIMM2021	0.016	0.152	4.468
	不监控	0.026	0.152	
铁芯监测 IED 组件	iOCM2020	0.051	0.13	
	iOCM2021	0.155	0.152	4.755
	不监控	−0.206	0.152	
（常数）		5.75	0.148	

模块	模块	效用值	标准误	重要性值
保修维修模块	1 年保修	0.185	0.13	
	2 年保修	−0.236	0.152	5.039
	3 年保修	0.051	0.152	
非保修期维修模块	日常维修	0.233	0.097	
	全责绩效服务	−0.233	0.097	4.272
	以旧换新	0.017	0.13	
回收服务模块	完全回收	0.4	0.152	
	不回收	−0.418	0.152	1.555
备品备件	SP1	0.125	0.097	
	SP2	−0.125	0.097	1.425
（常数）		5.75	0.148	

表 4-15　广义产品 F_2 的效用值与重要性

模块	模块	效用值	标准误	重要性值	模块	模块	效用值	标准误	重要性值
租赁变压器	S9 型	−0.206	0.261	2.062	铁芯监测 IED 组件	iOCM2020	0.108	0.261	6.721
	S10 型	−0.51	0.307			iOCM2021	0.31	0.307	
	S11 型	0.715	0.307			不监控	−0.419	0.307	
变压器基本辅助模块	JC1	−0.077	0.196	2.173	绕组温度光纤监测 IED 组件	iOFT2020	−0.114	0.261	3.857
	JC2	0.077	0.196			iOFT2021	−0.205	0.307	
高压套管	COT-550/800	−0.175	0.261	5.197		不监控	0.091	0.307	
	COT-551/800	0.327	0.307		冷却单元测控 IED 组件	iCSM2020	−0.05	0.261	3.28
	COT-552/800	−0.152	0.307			iCSM2021	−0.058	0.307	
低压套管	BD-20/3150	−0.481	0.261	7.479		不监控	0.108	0.307	
	BD-21/3151	0.317	0.307		例行试验	例行试验	−0.081	0.196	4.904
	BD-22/3152	0.163	0.307	2.263		不检测	0.081	0.196	
在线滤油机	R1	−0.085	0.196		型式试验	型式试验	−0.281	0.196	4.85
	R2	0.085	0.196	2.167		不检测	0.281	0.196	
气体继电器	BF-80/10	−0.013	0.196		特殊试验	特殊试验	0.027	0.196	4.971
	BF-88/10	0.013	0.196			不检测	−0.027	0.196	

模块	模块	效用值	标准误	重要性值
压力释放阀	YSF8-55/130kJ	−0.142	0.196	2.771
	YSF8-56/130kJ	0.142	0.196	
高低压开关控制柜	K1 型	0.25	0.34	7.549
	K2 型	−0.4	0.34	
	K3 型	0.142	0.34	
	不提供	0.008	0.34	
色谱微水监测 IED 组件	iMGA2020	−0.178	0.261	4.384
	iMGA2021	−0.09	0.307	
	不监控	0.268	0.307	
局部放电监测 IED 组件	iPDM2020T	0.169	0.261	8.459
	iPDM2021T	−0.541	0.307	
	不监控	0.372	0.307	
套管绝缘监测 IED 组件	iIMM2020	−0.044	0.261	7.433
	iIMM2021	−0.374	0.307	
	不监控	0.418	0.307	
（常数）		5.587	0.292	

模块	模块	效用值	标准误	重要性值
运输服务	委托运输企业运业	0.133	0.261	3.362
	销售企业运输	−0.079	0.307	
	用户自己运输	−0.054	0.307	
安装服务	委托企业安装	0.044	0.196	4.592
	销售企业安装	−0.044	0.196	
保修期维修服务	1 年保修	−0.292	0.261	6.278
	2 年保修	0.31	0.307	
	3 年保修	−0.019	0.307	
非保修期维修服务	日常维修	0.127	0.196	2.935
	全责绩效服务	−0.127	0.196	
备品备件	SP1	−0.004	0.196	2.313
	SP2	0.004	0.196	
（常数）		5.587	0.292	

表 4-16　广义产品 F_3 的效用值与重要性

模块层	模块	效用值	标准误	重要性值
购买变压后的电力	S9 型	-0.16	0.16	11.606
	S10 型	0.068	0.188	
	S11 型	0.093	0.188	
变压器基本辅助模块	JC1	0.114	0.12	3.013
	JC2	-0.114	0.12	
高压套管	COT-550/800	-0.198	0.16	5.665
	COT-551/800	0.252	0.188	
	COT-552/800	-0.054	0.188	
低压套管	BD-20/3150	-0.035	0.16	5.875
	BD-21/3151	0.099	0.188	
	BD-22/3152	-0.064	0.188	
在线滤油机	R1	0.123	0.12	4.376
	R2	-0.123	0.12	
气体继电器	BF-80/10	-0.092	0.12	5.005
	BF-88/10	0.092	0.12	
压力释放阀	YSF8-55/130kJ	0.142	0.12	4.986
	YSF8-56/130kJ	-0.142	0.12	
高低压开关柜控制柜	K1 型	0.458	0.208	4.098
	K2 型	-0.405	0.208	
	K3 型	-0.211	0.208	
	不提供	0.158	0.208	
色谱微水监测 IED 组件	iMGA2020	0.002	0.12	4.412
	iMGA2021	-0.002	0.12	
局部放电监测 IED 组件	iPDM2020T	-0.202	0.12	4.392
	iPDM2021T	0.202	0.12	
(常数)		5.621	0.144	

模块层	模块	效用值	标准误	重要性值
套管绝缘监测 IED 组件	iIMM2020	-0.048	0.12	5.825
	iIMM2021	0.048	0.12	
铁芯监测 IED 组件	iOCM2020	0.183	0.12	4.038
	iOCM2021	-0.183	0.12	
绕组温度光纤监测 IED 组件	iOFT2020	0.117	0.12	3.555
	iOFT2021	-0.117	0.12	
冷却单元测控 IED 组件	iCSM2020	-0.089	0.12	4.352
	iCSM2021	0.089	0.12	
例行试验	例行试验	-0.011	0.12	4.021
	不检测	0.011	0.12	
型式试验	型式试验	0.008	0.12	4.636
	不检测	-0.008	0.12	
特殊试验	特殊试验	0.205	0.12	4.405
	不检测	-0.205	0.16	
运输服务	委托运输企业运输	0.352	0.188	4.170
	用户自己运输	-0.31	0.188	
安装服务	委托运输企业安装	-0.042	0.188	3.521
	销售企业安装	0.027	0.12	
非保修期维修服务	S1	-0.014	0.12	3.801
	S2	0.014	0.12	
备品备件	SP1	0.18	0.12	4.248
	SP2	-0.18	0.12	

(2) 广义变压器产品的模块层次规划决策

基于 4.6.3 节的服务方案层模块与零部件层模块规划原则,分别对三种广义产品进行模块实例决策和模块层次决策。

1) 销售变压器。

基于表 4-14,变压器本体、回收服务、基本辅助模块和备品备件在顾客选择中处于较低的重要度(小于等于 1.976),客户对其关注度低,属于零部件层决策模块。由于基本辅助模块没有两个及以上的实例,所以为产品基本模块,不参与用户选择。客户决策的模块为重要度较高的模块(大于或等于 2.335),变压器本体辅助模块(高压套管、低压套管、在线滤油机、气体继电器、压力释放阀)、备品备件、运输服务、高压套管、低压套管、在线滤油机、气体继电器、压力释放阀、保修期服务、高低压开关控制柜、监控服务、检测服务、金融服务、安装服务、保修期维修服务、非保修期服务等。

分析根据模块的实际情况,适当去掉模块类中一些效用值低(效用值为负数的部分模块)的实例模块,以减少客户对模块实例的可选择性,降低生产成本。去掉的实例模块有变压器基本辅助模块中的 JC2 实例、回收需求中的"不回收"实例、备品备件中的 SP2、色谱微水监测 IED 组件中的 iMGA2020 实例、局部放电监测 IED 组件中的 iPDM2020T、套管绝缘监测 IED 组件中的 iIMM2020、绕组温度光纤监测 IED 组件中的 iOFT2020、铁芯监测组件中的 iOMM2020、安装服务模块中的委托企业安装实例、金融服务模块中的银行分期付款实例、运输服务中的用户自己运输和销售企业运输等。

排除一些不参与决策的基本模块:基本辅助模块、备品备件等。

基于以上分析,变压器本体、以旧换新服务和完全回收服务为制造商决策的下层模块。用户选择决策模块包括变压器本体辅助模块(高压套管、低压套管、在线滤油机、气体继电器、压力释放阀)、备品备件、运输服务、高压套管、低压套管、在线滤油机、气体继电器、压力释放阀、保修期服务、高低压开关控制柜、监控服务、其余可选服务等。不参与决策的基本模块直接从服务方案层传递到制造商层。实例模块为上述中去掉部分实例后的模块类集合。

2) 面向功能的变压器。

根据上述销售变压器的决策过程和表 4-15,在面向功能的变压器提供时,可分析得到用户决策的上层模块为高压套管、低压套管、在线滤油机、气体继电器、压力释放阀、高低压开关控制柜、保修期维修服务、非保修期维修服务、安装服务、金融服务、检测服务、监控服务、回收服务等。制造商决策的下层模块为变压器本体,变压器中的必选模块等。不参与决策的基本模块有变压器基本配套模块、备品备件、运输服务。基本服务模块中的实例模块只留下效用值最高的实例模块。

去掉的实例模块有变压器基本辅助模块中的 JC1 实例、备品备件中的 SP1,色谱微水监测 IED 组件中的 iMGA2020 实例、局部放电监测 IED 组件中的 iPDM2021T、套管绝缘监测 IED 组件中的 iIMM2021、铁芯监测组件中的 iOMM2020、绕组温度光纤监测 IED 组件中的 iOFT2021、安装服务模块中的销售企业安装实例、运输服务中的用户自己运输和销售企业运输实例等。

3) 面向结果的变压器。

根据上述销售变压器的决策过程和表 4-16,在面向结果的变压器提供时,用户购买的是变压后的电力,不再购买变压设备。用户的上层决策为变压器的型号(如 S9,S10 和 S11),变压器型号的不同,直接决定了购买服务的价格等级。零部件层决策的模块为高压套管、低压套管、在线滤油机、气体继电器、压力释放阀、高低压开关控制柜等。变压器基本配套模块、备品备件、运输服务、检测服务、监控服务、其余可选服务等为基本模块,必须提供才能保证服务的有效提供。基本服务模块中的实例模块只留下效用值最高的实例模块。

去掉的实例模块有变压器基本辅助模块中的 JC2 实例、备品备件中的 SP2,色谱微水监测 IED 组件中的 iMGA2021 实例、局部放电监测 IED 组件中的 iPDM2020T、套管绝缘监测 IED 组件中的 iIMM2020、铁芯监测组件中的 iOMM2020、绕组温度光纤监测 IED 组件中的 iOFT2021、安装服务模块中的委托企业安装实例、运输服务中的用户自己运输和销售企业运输实例等。

4.2.5　建立广义变压器的粗结构及主结构

服务方案层的用户决策模块与基本模块构成了粗结构,主要用来配置用户的服务方案。根据广义变压器产品的模块类别与层次规划决策分析结果,得到广义变压器的粗结构。图 4-8 和图 4-9 分别为服务方案层规划后的集成服务型变压器的粗结构和主结构。面向功能和面向结果的变压器的粗结构与主结构见6.7.2 节。

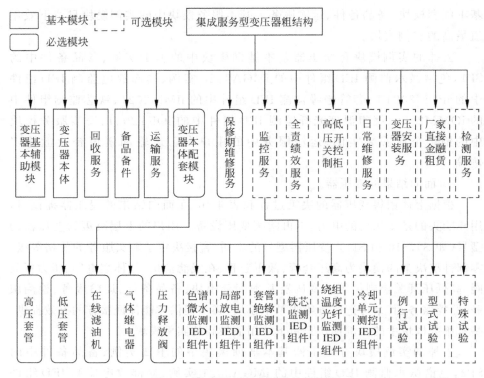

图 4-8　集成服务型变压器的粗结构

4.2.6　结果讨论

在广义产品模块划分完成后,必须确定广义产品的模块类型(基本模块、必须模块与可选模块),并确定用户定制决策的模块及其属性(服务方案层)和制造商决策的模块及其属性(零部件层)。这是建立广义产品模块化主结构和模块化配置设计的前提和基础工作。

本章虽然建立了广义产品模块化粗主结构和主结构的初步框架,但从配置的角度来说并不完整,因为传统的物理模块描述方法能否支持服务描述;另外,物理模块与服务模块之间的交互关系如何在主结构中如何建立和描述,需要深入研究。该部分的内容将在第 5 章中讨论与实现。

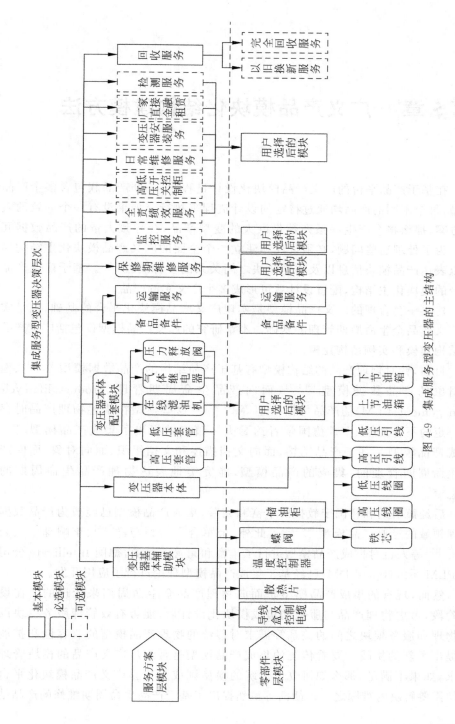

图 4-9　集成服务型变压器的主结构

第 5 章　广义产品模块化结构建模方法

在基于产品平台的广义产品模块化设计过程中，一个产品族包含多个产品变型，每个不同的产品均通过特定的设计流程来执行。如果没有一个一致的表达方案，那么将会产生一系列数量巨大的变型产品，会导致大量的产品数据冗余。为了处理这些问题，必须设计和建立一个全面的广义产品模块化主结构模型以表达产品模块信息以及物理模块之间关系的多种属性[189]。基于广义产品平台的模块化主结构，配置设计后可形成多个广义实例产品。

建立一套合理的广义产品模型是实现广义产品模块化平台的基础，也是实现广义产品全生命周期管理的基础。本章研究的广义产品模型仅包括广义产品主结构建模和实例结构建模。

目前，针对物理产品的结构模型有基于产品结构的产品数据模型[190,191]、面向对象的产品数据模型[191-193]、面向产品生命周期管理（product life-cycle management，PLM）的产品数据模型等[194-197]。这些模型在描述物理产品时存在一定的不合理性[198]。德国学者约瑟夫·萧塔纳提出了集成产品模型[199]。集成产品模型是基于产品结构、面向文档描述和文档组织、面向对象、面向产品生命周期管理的、集成的产品模型，能完美地表达物理产品生命周期的信息[198-200]。

后经萧塔纳和祁国宁教授的丰富和完善，集成产品模型已经成为产品数据管理领域的经典产品模型[200-202]。此外，余军合[203]、顾巧祥[204]、李响烁[205]、云晓丹[198]等人也对集成产品模型进行了丰富和完善。目前，德国 Intellivate 公司的 PLM 系统（openEDM）已经基于集成产品模型理论进行了应用开发。

然而，现有的集成产品模型是面向物理产品全生命周期来管理的。在设计阶段，考虑物理产品与服务的集成模块化设计后，能否有效管理服务模块以及物理和服务模块之间的关系等需求对传统的物理产品模型的兼容性和扩展性提出了新的挑战。要看传统的集成产品模型是否满足广义产品的模块管理需求，如果不满足，那么如何改进传统的模型则成为建立广义产品模块化平台迫切需要解决的难题之一。胡浩等虽然提出了基于产品生命周期维修的产品结构模型[206,207]，但仅是从产品的后期维护维修服务角度进行的管理，而不是在设计阶段就有管理服务模块。

本章基于集成产品模型，分别对广义产品模块化主结构和实例结构进行建模，丰富和改进原有的集成产品模型，使得传统的集成产品模型能满足广义模块的管理需求。

5.1　广义产品模块化主结构建模

5.1.1　广义模块的描述与分类

1. 广义模块的描述

（1）物理模块的属性描述

物理与服务模块的定义见第 2 章。根据物理模块的定义，可以认为一个物理模块由三个属性来描述：特征尺寸、材料和接口（装配关系）（图 5-1（a））。特征尺寸决定了物理模块的具体形状，材料决定了实现物理模块的材质，接口（装配关系）定义了模块与外界的交互关系。

（2）服务模块的属性描述

Xu 等认为一个项目对象可以通过四个属性来描述：活动、执行人、资源和时间组成。这样描述同样可应用于服务对象的描述，即一个服务的实现主要包括四个单元：活动、执行人、资源和时间（图 5-1（b））。活动是服务执行的核心，它是一个服务实例的必须部分。资源是一个执行活动的技术资料、设备或工具；执行人是一个或一组负责执行项目的人[208]。时间是指服务过程执行的时间，一般情况下，服务模块的销售会以时间为单位执行的。这些属性之间的关系描述：一个活动包括一个或多个执行人，活动和执行人之间是多对多的关系；活动和资源之间也是多对多的关系。

功能性服务模块：主要是在原有物理产品基础上增加物理模块功能而实现的服务，如监控服务、部分检测服务、部分故障诊断服务等。这类服务模块的资源即相匹配的物理模块，服务模块的描述不仅需要活动、执行人和资源，还需要对匹配的物理模块进行物理描述。

非功能性服务模块：不需要在原有物理产品基础上增加物理模块功能而实现的服务，如运输服务、备品备件服务、金融服务等。这类服务模块需要活动、执行人、资源和时间来实现描述。

（3）广义模块的属性描述

广义模块的属性是物理模块与服务模块的属性集合的并集，具体见图 5-1（c）。广义模块的属性继承了物理模块和服务模块各自的特点，通过活动、执行人、资源、特征尺寸、材料、接口、时间等属性可以完整表达一个广义模块。

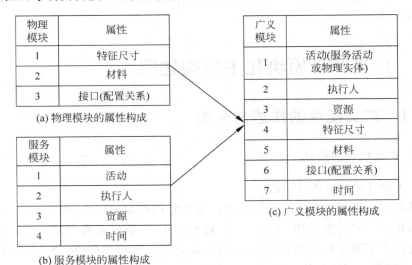

（a）物理模块的属性构成

（b）服务模块的属性构成

（c）广义模块的属性构成

图 5-1　广义模块的属性描述

2. 广义模块的不同类型

物理模块与服务模块统称为广义模块。根据用户在模块选择中的权限，广义模块可以分为基本模块、必选模块和可选模块。

（1）基本模块

为保证产品正常运行和使用，制造商或服务商必须要匹配的物理模块或服务模块。这些模块类型和尺寸的确定不是基于用户的定制，而是根据产品或服务的功能或性能需要而进行的优化设计。如自行车的车轮和车架、变压器中的铁芯和线圈等一般都是由制造公司设计确定；产品服务中的保修服务（每个部件一般有特定的保修期）、必要的备品备件服务等都是基本配置。

（2）必选模块

为保证产品正常运行和使用，产品或服务中必须要匹配的物理模块或服务模块。这些模块类型或尺寸是根据客户的个性化功能或服务需要而确定的，可以选择的物理模块或服务模块，如汽车或工程机械设计中选配的发动机型号、产品服务中的运输服务（需要用户确定运输方式）等。

（3）可选模块

为满足客户的个性化特殊服务需求，额外增加的物理或服务模块。用户可根据个人喜好和需求来决定是否选配该模块，如变压器主要部件的监控服务模块（是否监控取决于用户的个性化需求）、产品销售金融服务模块（用户可以向银行贷款购买产品，然后分期偿还银行贷款）。

在以上类型中，基本模块和必选模块称为必须模块，即广义产品中必须包括的模块；可选模块称为可能模块，是否需要可选模块应视具体情况而定。

5.1.2　广义产品模块化主结构架构

1. 广义产品数据模型

在广义产品模型中，数据模型为最核心和最重要的模型，也是软件系统中最难实现的模型。

经过分析、研究与讨论，广义产品数据模型仍可采用物理产品的集成产品元模型[199,202]。如图 5-2 中，集成产品元模型中有四类主记录，这四类主记录可以完美地描述一个 Parts（广义零件或模块），这里的 Parts 不仅是物理产品或模块，也包含服务模块。分别为 PaMR（parts master record）、DoMR（document master record）、DrMR（draft master record）和 MMR（model master record）[200-202]。

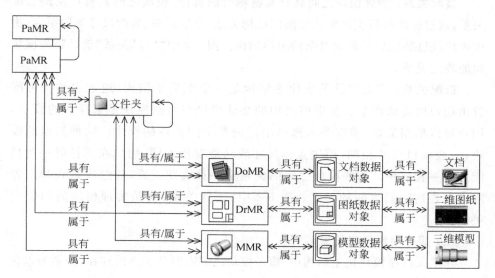

图 5-2　广义产品数据模型[201,202]

（1）PaMR：Parts 主记录，包含部件、零件、毛坯、原材料、耗材、包装材料、文档和服务等[200]。和物理产品的 PaMR 相比，广义产品的 PaMR 中增加了服务对象。

（2）DoMR：文档主记录，描述与零部件有关的文档属描述与零部件有关的资料文件，如订单、需求说明、NC 文档等业务资料[200,205]。

（3）DrMR：图纸主记录。表示工程图元数据，描述与零部件有关的工程图属性[200,205]。

（4）MMR：模型主记录。表示三维模型的元数据，描述与零部件有关的三维模型的属性[200]。

物理模块通常要 DoMR、DrMR 和 MMR 三个主记录来描述，服务产品或服务模块一般需要文档来描述即可，用图纸描述的情况较少，通常只需要 DoMR 主记录来描述即可。

2．广义产品模块间的关联关系分析

（1）物理模块之间的关系

在广义产品模块化主结构中，物理模块之间有两种关系的存在，分别为装配关系与选配关系。

装配关系：物理模块之间具有紧密耦合的特性，模块之间具有严格的装配关系，通过模块接口实现模块之间的结构关系、位置关系、装配尺寸等的结合，物理模块经过装配后可形成复杂的树形结构。图 5-3 中"'与'关系"就是物理模块间的装配关系。

选配关系：广义产品模块化主结构是一个配置主结构，通过主结构可配置出用户所需的产品。其中模块中的必选模块与可选模块是选择性的模块，用户可以根据偏好、需求等来选择给定的若干同类性的模块。同种类型的模块，一般接口尺寸相同，模块主体尺寸或功能有所不同，用户在选择时一般只能选择一种模块。这些模块之间的关系是一种选配关系，通过决策表和配置规则来表达它们之间的关系。图 5-3 中"选择关系"就是物理模块间的装配关系。

（2）服务模块之间的关系

在广义产品模块化主结构中，服务模块之间有两种关系的存在，分别为包含关系与选配关系。

包含关系：服务模块之间没有严格的位置与尺寸关系，服务模块之间的包含关系一般通过分类来实现,通过选择规则建立模块间的上下级包含关系。

选配关系:如同物理模块的选配关系一样,广义产品模块化主结构是一个配置主结构,用户在功能相同的模块中选择一个模块来满足需求。这些功能相同的同类型服务模块之间是一种选配关系,一般通过决策表来定义。

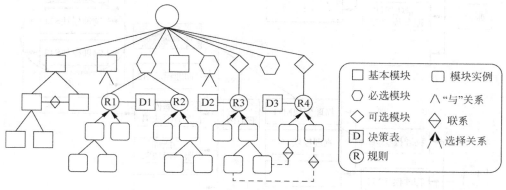

图 5-3　广义产品模块化主结构

（3）物理模块与服务模块之间的关系

对于非功能服务模块,服务模块与物理模块之间没有直接的耦合关系。对于功能性服务模块,服务模块的实现需要配套相应的物理模块的支持。因此,物理模块与功能性服务模块之间是一种 $N:1(N \geqslant 1)$ 的关联关系。如图 5-4 所示,在物理产品与服务集成的广义产品模块化主结构中(此图省去了配置规则),功能性服务要在主结构中体现以满足用户的服务需求;同时,主结构中的物理产品部分也要配置相应的物理模块,这是配置设计和产品管理必须的要求。功能性服务模块与物理模块之间的关联关系通过关系属性来描述(见 5.1.4 节),在图 5-3 中用符合◇来表达。

3. 广义产品模块化主结构的构成

按照对象类型的不同来分析,广义产品模块化主结构的构成可以分为三类:①物理模块及其业务对象;②服务模块及其业务对象;③广义 Parts 间的联系对象,包括配置规则和固定联系,分别体现为配置规则(Ⓡ)、决策表(Ⓓ)、联系(◇)等,如图 5-3 所示。值得说明的是,联系描述对象与对象之间的联系,包括业务对象之间的联系关系、业务对象与数据对象之间的联系关系、数据对象之间的联系关系等[198,202]。

117

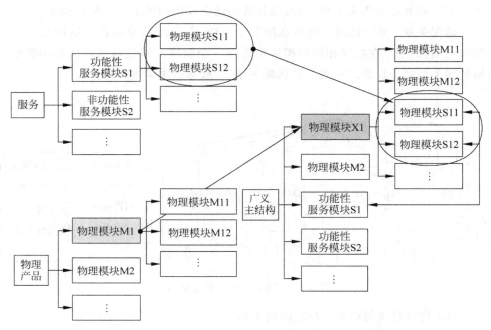

图 5-4　广义产品中物理模块与服务模块主结构关系分析

按照用户在模块选择中权限的不同来分析,广义产品主结构中的模块分为基本模块、必选模块与可选模块组成。模块化主结构是由模块及其模块间的关联关系连接而成。

广义产品模块化主结构是一个复杂的层次树,主结构的核心是模块,沿着分解树,基于子节点连着父节点,如图 5-3 所示。在树形结构中,节点代表不同层次粒度的业务对象及其联系对象,节点类型可分为物理模块业务对象、服务模块业务对象和模块间的联系对象。在同一层次的模块节点之间,可能通过决策表、联系等联系对象建立模块间的关联或选择关系。不同层次的模块节点之间,可能通过联系来建立物理模块与服务模块之间的固定联系。在图 5-3 中,基本模块、必选模块和可选模块(模块实例包含在必须与可选模块中)通过规则和联系等建立配置主结构。

5.1.3　广义 Parts 的属性描述

在传统的物理产品数据建模中,四个主记录 PaMR、DoMR、DrMR 和 MMR 能完整地描述一个产品或模块[200-202]。当物理产品扩展到广义产品后,通过研究发现,这四个主记录仍能完整描述一个广义产品或广义模块,但需要增加或者修改部分主记录的属性描述。DoMR、DrMR 和 MMR 在描述服务模块时不需修改属性,而 PaMR 主记录需要修改。PaMR 主记录是广义 Parts 主记录,它包含了产品、部件、零件、毛坯、原材料、耗材、包装材料、文档和服务。在改进数据模型时,需要在 Parts 主记录的基础上继承与派生(如图 5-5 所示),分别建立 PaMR 主记录的子 Parts,如物理模块、服务、耗材、包装材料等。主要修改物理模块 Parts 主记录属性和建立服务 Parts 主记录属性。

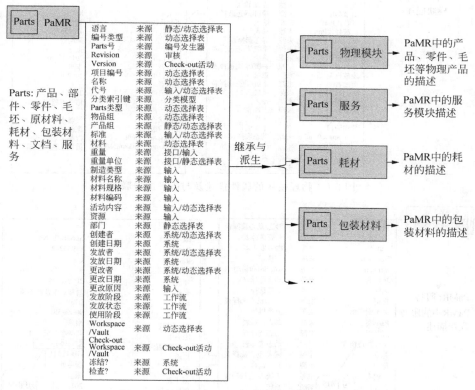

图 5-5　广义 Parts 主记录属性的继承与派生

　　在物理模块的属性描述中,在能完整表达物理模块属性(特征尺寸、材料和接口)必须体现是否与服务有关联关系(如图 5-6 所示),因为有的物理模块是因服务的需求而存在的。同样,在服务模块的属性描述中,在能完整表达服务模块属性(活动、执行人、资源和时间)的前提下,必须体现是否与物理模块有关联关系(如图 5-7 所示)。

119

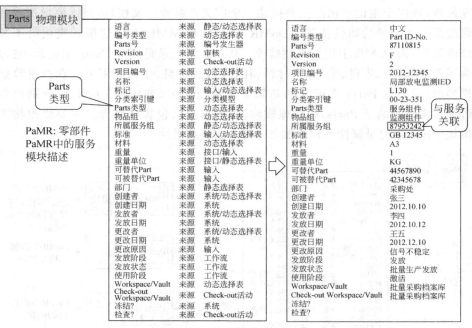

图 5-6 物理模块的属性描述及与服务的关联

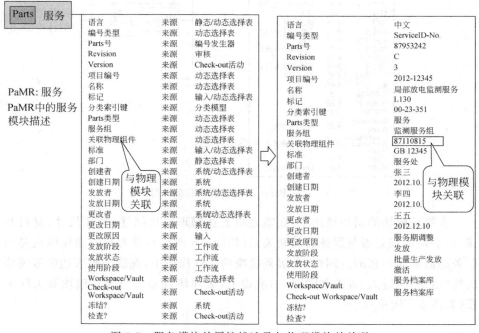

图 5-7 服务模块的属性描述及与物理模块的关联

5.1.4　广义 Parts 间的联系对象

广义产品模块化主结构中 Parts 间的联系对象具有更广义的内涵,不仅包括业务对象间的装配关系和对象关联关系,还包括配置设计时对象间的规则。从类别来区分,配置规则被用来限制参数值的组合。而装配关系和对象关联关系属于业务对象间的固定联系。

5.1.4.1　配置规则

广义产品模块化主结构中的广义模块间(物理模块与服务模块)配置关系的建立主要通过模块间约束规则来实现。如图 5-8 所示,主要有两种类型的决策表。第一种类型如 D1 所示,第二种类型如 D2 和 D3 所示。在第一种类型中,根据规则中的条件选择所需的模块或者其他类型主记录即可。而在第二种类型中,模块之间有约束关系,如结构位置约束关系或者尺寸约束关系,它们之间的约束关系通过参数运算或结构配置来确定。

如图 5-8 所示,D2 为物理模块与功能性服务模块之间的决策表,用户根据需求选择功能性服务模块(501 或 502),根据服务选择结构确定相配套的物理模块 R4(501 对应 401,502 对应 402),由此确定物理模块。因为 401 和 402 的选择通常情况下会影响与它有装配关系的其他物理模块(图中为 R2 和 R3),所以通过决策表 D2 来选择和计算物理模块 R2 和 R3 的型号与尺寸。因此,广义产品模块化配置过程中,需要先确定服务模块的需求,然后根据服务需求来选配物理模块,这就是广义产品与纯物理产品模块化配置过程中的不同之处。

5.1.4.2　固定联系

1. 模块间装配关系的联系对象

(1) 下级零件

与下级零件的联系对象主要描述下级零件的数量、材料等属性,描述上下级零件间的装配关系。上下级零件之间是一对一或一对多的关系(如图 5-9 所示)。

(2) 所属装配

所属装配的联系对象主要描述所属上级零件的名称、版本等基本信息,与所属上级装配部件之间是一对一的关系(如图 5-10 所示)。联系对象的前者为物理模块,后者为该物理模块的上级部件,其中,联系对象中的 Parts 代号为物理部件 ID 号。

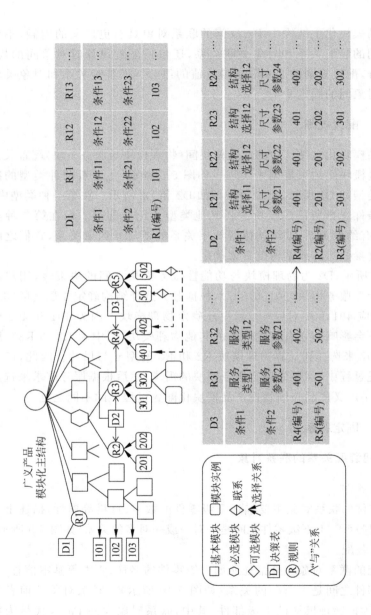

图 5-8 基于规则的广义产品模块化配置[202]

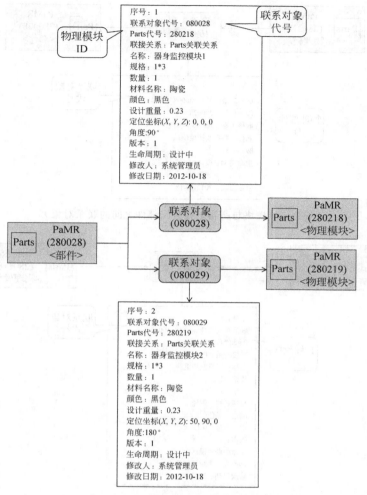

图 5-9　与下级零件之间的联系对象

2. Parts 对象关联关系的联系对象

Parts 对象的关联关系在此处是指服务模块与物理模块之间的关联关系。服务模块的 Parts 主记录与物理模块的 Parts 主记录是一对多的关系,即一个服务功能需求一般要有一个或多个物理模块来实现。图 5-11 中的联系对象表明了服务模块与物理模块的关系,联系对象中要有联系对象代号、物理模块 ID(即 Parts 代号),以及所需物理模块的数量、规格、版本等信息。

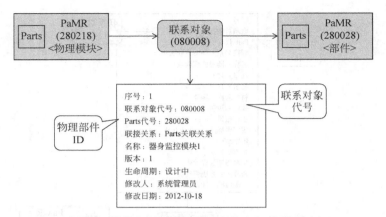

图 5-10　模块与所属上级装配部件之间的联系对象

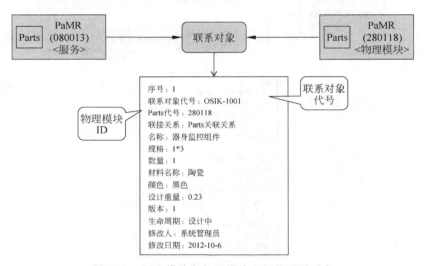

图 5-11　服务模块与物理模块之间的联系对象

5.2　广义产品模块化实例结构建模

5.2.1　广义产品模块实例结构的形成过程分析

　　广义产品的配置设计过程由两个层次构成,即服务方案层的优化配置和物理模块层的优化配置设计,如图 5-12 所示。因此,广义产品实例结构的形成

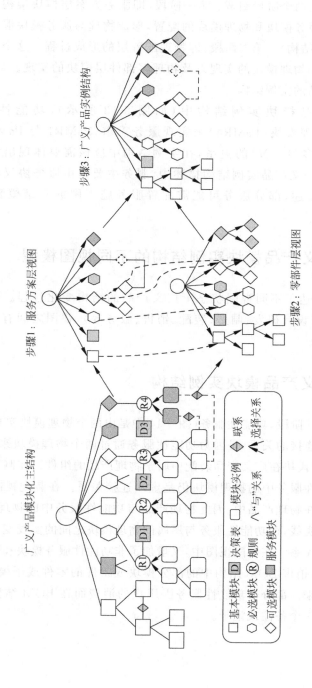

步骤3：广义产品实例结构

步骤1：服务方案层视图

步骤2：零部件层视图

广义产品模块化主结构

图 5-12　广义产品配置实例结构的形成过程

□ 基本模块　Ⓓ 决策表　◇ 模块实例　◇ 联系
◇ 必选模块　Ⓡ 规则　∧ "与" 关系　∧ 选择关系
◇ 可选模块　■ 服务模块

125

过程在逻辑上由两个阶段组成:第一阶段,即服务方案层模块架构的形成。这个阶段主要是服务模块和物理模块的配置,形成物理与服务模块混合实例结构(组件部件级的结构)。第二阶段,即物理配置层的形成过程。这个阶段主要是服务模块配套的物理模块的实现以及物理零部件层模块的实现。最终,形成用户所需广义产品的实例结构。

在广义产品模块实例结构中(如图 5-13 所示),功能性服务模块(PaMR1)由物理模块(PaMR4)来实现服务需求,PaMR1 与 PaMR4 之间是一对一或一对多(1∶N)的关系,在实例结构中应该需要体现出它们之间的关联关系。在广义产品实例结构描述中,服务主要是由服务协议和服务说明书(DoMR)来描述,部分服务可能需配置服务施工图或三维模型(MMR 或 DrMR)来描述。

5.2.2　广义产品模块实例结构的不同视图模型

图 5-14 表达了不同视图状态下广义产品的结构变化过程。图中给出了五个不同视图(设计研发、制造、装配、销售、服务等),视图之间有一定的关联关系。

5.2.3　广义产品模块实例结构

在研发设计阶段,功能性服务(图 5-14 中是由两个物理模块实现)与物理产品之间是虚线连接的关系,是因为功能性服务通过两个物理模块来执行与功能实现的,而物理模块在广义产品装配中属于物理产品的组件。在制造视图中,物理产品与功能性服务中的物理模块仍是虚线连接关系。在装配视图中,所有物理模块均组装在物理产品中,因此物理产品与功能性服务中的物理模块的虚线连接关系变为实线,而功能性服务与所属的物理模块之间的实线变为虚线,具有逻辑上的关联关系。在装配视图中,又增加了非功能性服务模块和随机文件等。在服务视图中,销售 BOM 结构中的部分模块或组件的零件或子模块因维修或更换而显示出来。部分非功能性服务因用户的消费而在 BOM 结构中消失,转化为系统中的一个备注或记录。

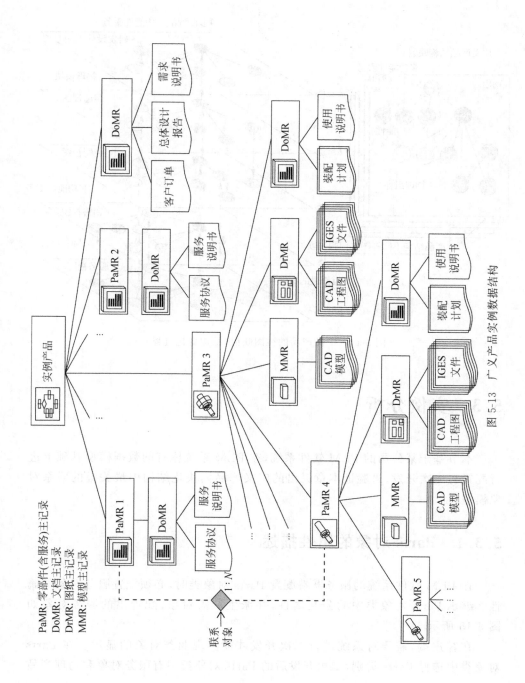

PaMR: 零部件含服务主记录
DoMR: 文档主记录
DrMR: 图纸主记录
MMR: 模型主记录

图 5-13　广义产品实例数据结构

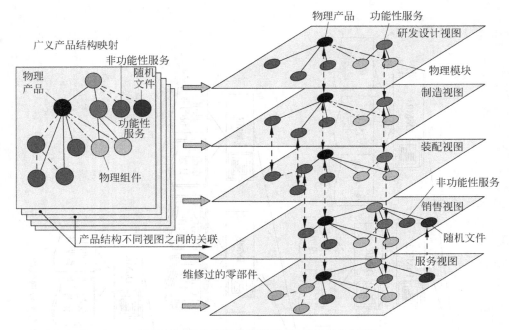

图 5-14　广义产品的视图映射(结构变化过程)

5.3　实例分析

本节基于某公司的 PLM 软件系统,在 PLM 系统原有的数据模型基础上进行配置与二次开发,来验证本章提出的广义产品模块化结构中最关键的联系对象模型。

5.3.1　Parts 对象的属性描述

在 PLM 软件系统的服务器端配置 Parts 对象类时,必须配置服务对象的属性。继承 Parts 对象类中的公共属性,并派生所需对象,配置出的服务对象如图 5-15 所示。

在客户端,需要对系统进行二次开发才能实现业务对象的显示。在 Parts 对象类中选择 Parts 类别,二次开发后的 Parts 对象类中有服务对象和物理产品对象(如图 5-16 所示)。服务对象继承 Parts 对象类的公共属性,并派生出服务对象的特殊属性,具体属性如图 5-17 所示,服务对象中显示"对象类别",以区别物理模块的描述。Parts 对象类中物理模块的属性,与传统物理的区别在于属性中显示"所属服务模块",以建立物理模块与服务模块之间的联系对象;而且显示 Parts 的对象类别,类别为产品,具体属性如图 5-18 所示。

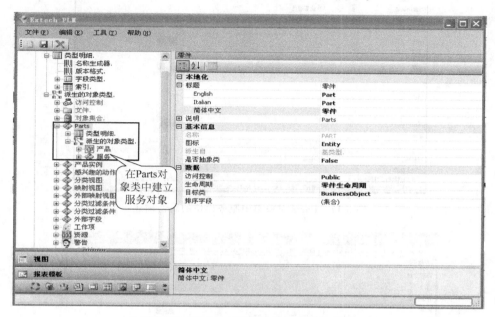

图 5-15　在 Parts 对象类中建立服务对象

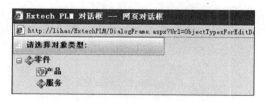

图 5-16　Parts 对象类中对象类型的选择

5.3.2　联系对象的建立

1. 服务器端联系对象的建立

联系对象的建立首先需要在服务器端进行配置与开发。在 PLM 软件系统

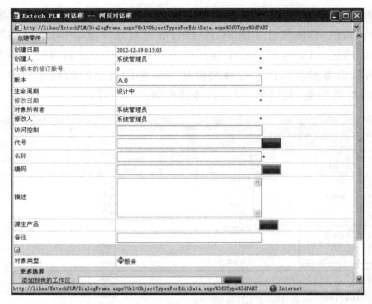

图 5-17　Parts 对象类中服务模块的属性描述

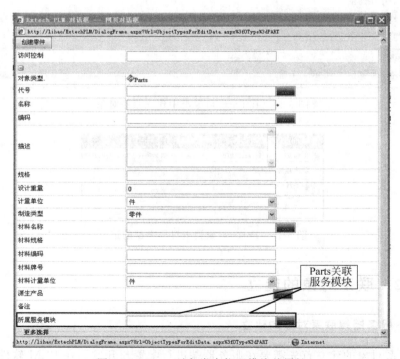

图 5-18　Parts 对象类中物理模块的属性

的服务器端配置对象之间的联系对象,图 5-19 展示了父对象和子对象之间联系对象的属性,在建立"服务关联对象"的联系对象时,需要构建父对象与子对象之间的链接,图中的父对象为服务,子对象为零件。然后,继承联系对象的基本属性,主要包括链接的名称标识、链接的对象标识和类型标识、父对象的名称与实体标识、子对象的名称与实体对象标识、版本、序号、数量、最后更新日期等。这些属性在服务器端的定义是系统客户端二次开发的前提。

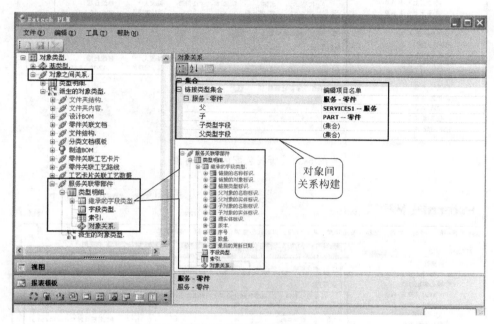

图 5-19　联系对象的属性

2. 客户端联系对象的建立

完成服务器端配置对象之间联系对象的之后,需要在客户端进行二次开发。二次开发联系对象中的模块间装配关系的联系对象,包括所属装配和下级零件等联系对象的开发(如图 5-20 与图 5-21 所示)。然后二次开发 Parts 对象关联关系的联系对象,建立服务模块与物理模块之间的联系对象(如图 5-22 所示)。

5.3.3　广义变压器产品的模块化实例结构

通过以上的系统配置与二次开发,可以建立变压器的广义产品模块化实例

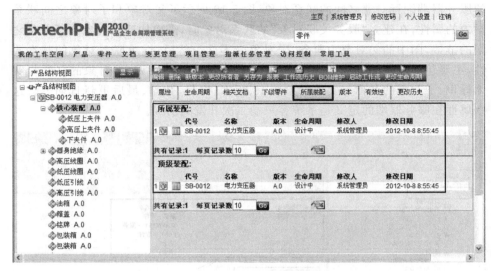

图 5-20　所属装配的联系对象

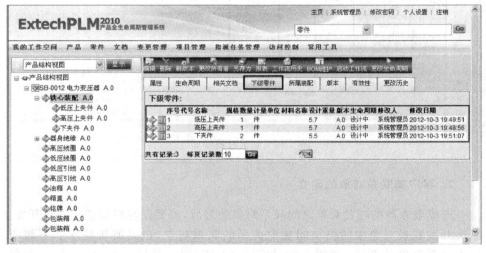

图 5-21　下级零件的联系对象

主结构（如图 5-23 所示）。主结构由物理模块与服务模块组成，物理模块和服务模块有独立和完整的属性描述，物理模块与服务模块之间有独立的联系对象，主结构能完整准备的表达广义产品的模块构成及其模块间的关系，实现模块化结构建模。

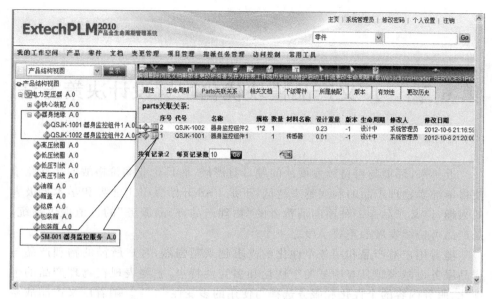

图 5-22　物理模块与服务模块之间的联系对象

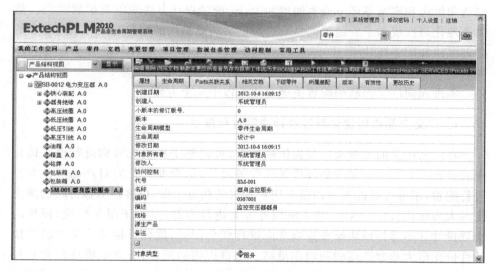

图 5-23　变压器的广义产品模块化实例主结构

第 6 章　广义产品模块优化配置设计决策方法

近年来,环境与可持续发展的问题日益严峻,而且企业间价格战的恶性竞争使得单纯卖物理产品的利润越来越低,于是 PSS 开始吸引工业界和学术界极大的兴趣,广义产品是一种面向消费者的"物理产品/产品服务"的价值提供系统,是产品可持续发展的重要手段之一[21,22,34]。

随着用户对产品和服务个性化的需求越来越强烈,客户所需的物理产品与产品服务也越来越具有明显的个性化和多变性特点,主要表现在物理产品的个性化、服务内容的个性化和服务选择与使用的多变性[44,189]。随着广义产品战略的出现,广义产品中的产品与服务的个性化和多变性必然造成企业在管理、设计制造和供应和实施等环节成本的增加[44],传统的设计方法学需要扩展[45,46]。解决个性化与低成本矛盾的关键是通过对广义产品模块的划分建立一系列标准的物理模块和服务模块[121,126]。在此基础上,通过模块化组合与配置实现物理产品与产品服务外在的个性化和多变性,满足客户的个性化需求。

实现面向广义产品的配置关键要注意以下几个方面:

1. 广义产品模块优化配置设计决策过程描述

在广义产品的大规模定制提供模式下,可以基于模块化架构进行模块优化配置设计[47,48,99]。广义产品模块优化配置设计时,企业应首先对产品服务方案进行配置,服务方案配置是以整个用户需求的利益出发,以客户对该方案的满意度最大为优化目标;然后,基于该服务方案进行零部件(含子服务模块)模块的配置设计。零部件模块配置是制造商进行优化配置,优化目标是广义产品模块的性价比最大和制造商的利润率最高。值得说明的是,服务方案模块配置是粒度较粗的模块设计,由物理模块/服务模块组成;相比服务方案层模块,零部件层模块是粒度较细的模块,不仅包括物理模块,也包括服务模块。因此,广义产品的模块优化配置设计本质上分为用户决策和制造商决策配置,这两个不同的层级有不同的决策主体,其决策目标也不同。传统的方法是将其集成设计[47,48,51,60],但由于服务方案配置是处于主的地位,而零部件配置处于相对从属的地位,因此应该采用分开、分层次的方法解决优化配置问题。准确描述广义产品模块优化配置设计过程是优化决策的基础,需要分析广义产品分层次的模块优化配置设计过程,这是优化配置设计的关键。

2. 广义产品优化配置设计决策方法

广义产品优化配置设计包括服务方案优化配置设计和零部件优化配置设计,需要单独分析并建立服务方案和零部件优化决策方法。

（1）服务方案模块优化决策方法

服务方案决策是针对用户需求的决策,优化目标为配置出的服务方案为用户满意度最大。因此,如何建立合适的决策方法以确保向用户提供的服务方案满意度最大,是广义产品优化配置设计的关键。

（2）零部件模块优化决策方法

零部件决策是针对制造商的决策,制造商期望配置出的零部件方案性价比最低且利润率最高。因此,如何建立合适的决策方法以确保制造商提供的零部件方案能实现较高的利润,是制造商提供广义产品的本质,也是本章需要解决的关键技术之一。

基于以上的问题分析,广义产品的优化配置过程是一种用户决策和制造商决策配置的主从双层关联结构,可以通过双层规划方法来实现模块优化配置设计[209,210]。针对以上几个关键问题,本章提出一种基于双层规划的广义产品模块优化配置设计方法,建立基于产品平台的广义产品模块配置与优化设计的主从优化模型,提出包括问题分析、决策机制、优化模型、计算求解和应用等一整套的关联优化方法,并将方法应用于一个变压器广义产品的设计案例。

6.1　广义产品模块化配置设计与双层规划方法

Aurich 等在 PSS 领域首先提出 PSS 的模块化设计框架、原理和配置设计方法。针对投资型产品,他提出一个两步骤的方法,建立了实现技术型广义产品模块化原理,用一个过程库来设计和制造技术型广义产品,来选择、组合和适应合适的过程模块[40,47-49]。Wang 等提出了一个面向广义产品的并行模块开发框架,认为模块化过程可以分为三个部分:功能性、产品和服务模块化,采用 QFD 方法与 Portfolio 技术实现了该框架[51]。Bask 等提出了一个系统方法来分析服务模块化与定制,并描述了该框架的多个维度[155]。在集成物理产品与服务的模块化设计中,理清物理模块与服务模块的关系以及交互设计过程是重难点。

对此,Li 等建立了广义产品模块化过程总体模型,并提出了一个三阶段的交互式集成服务型产品模块划分方法,将服务划分为功能性服务和非功能性服务,通过功能性服务理清了物理模块与服务模块的交互关系,实现了物理模块划分与服务模块划分的有机融合[9]。

然而,以上关于模块化配置设计的研究主要是针对一种类型的广义产品,并没有从面向服务需求的角度来配置广义的广义产品(纯物理产品、集成服务型产品、面向功能的广义产品或面向结果的广义产品)。另外,虽然部分学者研究了物理产品与服务在模块化设计中的关系[9,51],但仍是采用传统的设计方法学来实现模块化设计,并没有从用户服务和制造商两个利益体角度来联合分析和建立模块化配置设计模型。主从双层规划理论为该难题提供了研究思路。

双层决策问题的思想最初是 Stackelberg 于 1952 年提出的,用于研究市场竞争机制中产量决策问题[209]。双层规划是双层决策问题的数学模型,它是一种具有二层递阶结构的系统优化问题,上层问题和下层问题都有各自的目标函数和约束条件。上层问题的目标函数和约束条件不仅与上层决策变量有关,而且还依赖于下层问题的最优解,同时下层问题的最优解又受到上层决策变量的影响[211]。1973 年,Bracken 和 McGill 提出了双层规划的数学模型[212]。然后,Candler 等提出了双层规划的名词[211]。20 世纪 80 年代以来,双层规划多层规划的数学模型更加明确化,已在较多领域得到应用,如经济管理、区域规划、汽车零部件供应商选择、资源配置等较多领域[213-217]。

随着产品设计的发展,许多设计问题呈现出双层结构的复杂特性而难以用单层优化模型来描述,双层规划逐渐开始在复杂产品设计领域应用。Hernandez 等将主从对策方法应用于一个设计与维护的关联优化问题[218]。随后,Raviraj 等提出了一种基于变异的两阶段产品族设计方法,第一阶段基于一个目标规划模型(DSP)求出产品各设计变量的变异系数,由此确定出平台变量,第二阶段再由DSP 逐一确定个性化变量的值[219]。双层规划开始在产品设计中应用得日趋活跃。李喆将双层规划应用于产品族协同优化设计中,并给出了解析型算法和智能型算法[220]。张德超利用产品族优化设计二维模型(构成维和过程维)分析在产品族优化设计中的层次关联关系,并针对可以进行层次优化的部分引入双层规划模型进行优化[221]。Ji 等将双层规划决策模型应用于面向绿色模块化设计,并建立了一个基于约束遗传算法的主从联合优化决策模型[170]。

广义产品模块配置设计是物理产品与服务融合的一种体现形式。值得关注的是:广义产品模块配置设计过程中的服务方案层配置设计与零部件层配置设计本质上处于两个不同的层级,它们不仅在设计中的先后次序不同,而且优化的目标和约束条件也不相同。这实际上不是一个普通的单层优化问题,而是一个具有主从结构的双层优化问题,可以看作是具有两个决策主体的对策问题[210,222]。而现有的关于产品服务系统集成设计的文献中忽略了物理产品与服务的多层次循环优化设计。

6.2　基于双层规划的广义产品模块优化配置设计决策过程

6.2.1　双层系统的决策原理描述

双层系统规划的思想最初用于研究市场竞争机制中产量决策问题。这是一种多人非零的对策,其中局中人有上、下层关系并且各自有不同的目标,而各自的策略集通常是彼此分离的[209]。局中人是由一个主者和若干个从者组成(一对一或者一对多的关系),一般上层为主者,下层为从者,主从双方具有各自的利益目标并优化相应的目标。当上层决策者做出决策后,下层决策者在为优化自己的目标而选择策略时,必须在上层决策者的框架下进行,而不能背离上层的决策结果。下层决策不但决定着自身目标的实现,也影响上层目标的实现。因此,上下层模型之间,以及下层各模型之间具有一定的约束关联。在一般的系统优化中,决策者在强调局部利益时,容易忽略全局利益,这是管理和技术设计中存在的一个普遍问题。双层规划的特点恰恰是从整体的角度出发,兼顾局部,以达到整体最优。在双层系统中,决策过程主要分为三个步骤:①主者根据上层模型做出对自身有利的决策,并将决策结果告知下层各个从者;②各从者基于主者的决策以及自身约束获得对从者自身有利的决策,并反馈给主者;③主者根据从者的反馈调整对决策,并反馈给从者。决策过程反复迭代,直至主从双方得到满意的解[211,218,220,223]。

将双层系统规划问题抽象为数学表达形式是利用定量方法研究配置设计问题的前提。双层规划数学模型的一般数学表达式是

$$\max_{x \in X} F(x, y_1, \cdots, y_k)$$
$$s.t.\ G(x, y_1, \cdots, y_k) \leqslant 0$$

$y_i(i=1,2,\cdots,k)$对于每一个确定的 x 是下面问题的解,

$$\max_{y_i \in Y} f_i(x, y_i)$$
$$s.t.\ g_i(x, y_i) \leqslant 0 \tag{6-1}$$

式(6-1)中,$x \in \boldsymbol{X} \subset \mathbf{R}^n$,$y_i \in \boldsymbol{Y}_i \subset \mathbf{R}^{m_i}$,$F: \boldsymbol{X} \times \boldsymbol{Y}_1 \times \cdots \times \boldsymbol{Y}_k \to \mathbf{R}^1$,$f_i: \boldsymbol{X} \times \boldsymbol{Y}_i \to \mathbf{R}^1$,$G: \boldsymbol{X} \times \boldsymbol{Y}_1 \times \cdots \times \boldsymbol{Y}_k \to \mathbf{R}^p$,$g_i: \boldsymbol{X} \times \boldsymbol{Y}_i \to \mathbf{R}^{q_i}$。

$F(x,y_1,\cdots,y_k)$ 为上层目标函数，是主者；$f_i(x,y_i)$ 为下层目标函数，是从者。主者首先根据自身的目标函数做出决策；从者根据主者的决策和自身的约束做出反应。主者的决策不仅受到下层多个从者反应的影响，还受到这些从者之间关系的影响。这些从者之间的变量、目标、约束可以是共享的，也可以是独立的。

6.2.2 广义产品模块优化配置设计过程分析

在广义产品提供过程中，用户的需求可能通过销售纯物理产品实现，或通过销售产品服务来满足，较为复杂情况的是提供物理产品与服务的集成解决方案。如图 6-1 所示的广义产品提供过程，用户向企业销售部提出广义需求，销售人员向用户提出广义产品服务方案决策，确定客户所需的广义产品和配套的服务模块；然后，检索已有订单库，如果存在已有订单配置，则交给生产部进行物理产品生产和广义产品提供；如果是新订单配置，则对服务需求进行物理产品模块化设计和生产，向用户提供所需的广义产品。根据图 6-1 的描述，对于新订单的设计，广义产品的模块优化配置设计本质上分为用户决策和制造商决策这两个不同的层级，用户最先决策服务方案是主层；然后，制造商基于服务方案进行零部件模块决策，属于从层，具有一种主从关联结构。

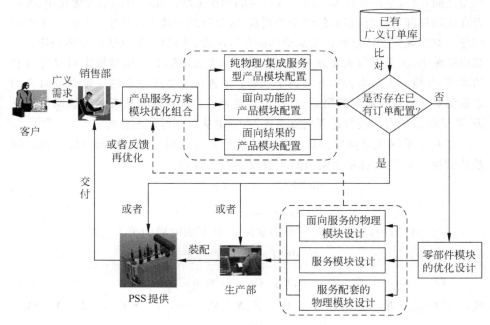

图 6-1　广义产品的提供过程

6.2.3　基于双层系统规划的广义产品优化配置设计过程模型

1. 广义产品优化配置设计决策过程分析

广义产品模块化配置设计是由一组特定的模块，在特定约束情况下组成若干不同功能或同功能但性能不同的产品[224]。广义产品优化配置设计问题本质上也是一个主从双层规划问题，基于双层规划的理论框架可以建立问题的决策机制。设决策主体中的主者为客户，客户选择偏好的服务方案为 i 个模块组合 $M=\{M_1,M_2,\cdots,M_i\}$，从者为 j 个模块的设计者，这里的设计者可以是实际的产品与服务设计师或虚拟的设计决策主体，零部件层的模块组合为 $m=\{m_1,m_2,\cdots,m_j\}$。根据用户在模块选择中的权限，广义产品模块库中的模块可以分为基本模块、必选模块和可选模块，各个模块包含功能相同而性能或尺寸参数不同的若干实例模块。基本模块和必选模块为必须模块，即广义产品中必须包括的模块；可选模块称为可能模块，是否需要可选模块应视具体情况而定。

在广义产品的提供过程中，客户面对的是更加广义和多样化的产品类型（集成服务型产品、面向功能的产品和面向结果的产品），如何得到性价比最优的广义产品是一个难题。而对于制造企业，分析和建立一个合理的优化配置过程模型显得尤为重要。

针对广义产品提供过程的分析，可以将广义产品配置设计问题转化为两个步骤的主从优化问题（如图 6-2 所示）。在该问题中，优化的总目标是配置出用户满意度最高、制造商利润率最高和性能成本比最大的多类型广义产品。优化目标也具有层级的区别，主层即服务方案层配置是以整个产品用户需求的利益为优化目标，一般会从用户满意度的角度出发；然后，基于服务方案的配置结果，进行零部件层优化设计（从层），以性能价格比最大和利润率最高为目标。因此，在双层配置设计中，服务模块配置是处于主的地位，而物理模块的配置设计要依赖于服务模块的配置情况，处于相对从属的地位，但其优化的结果也会对服务模块配置产生影响和约束，它们之间是交互循环的关系。确保用户和制造商的利益均衡。

2. 广义产品优化配置形式化描述

根据广义产品优化配置设计的系统分析，可以对广义产品优化配置进行

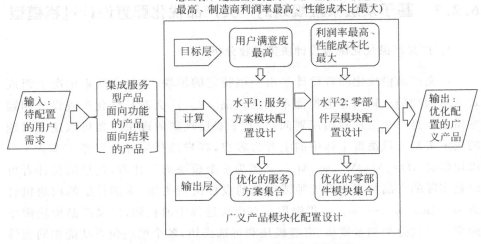

图 6-2　广义产品优化配置设计的系统分析

形式化描述,以便理清双层优化模型的层次关系与优化目标,建立双层优化决策模型。根据用户服务需求,为用户提供三种类型的广义产品进行优化配置,分别配置出三种类型广义产品的优化实例,广义产品优化配置过程形式化描述如图 6-3 所示。在广义产品模块优化配置是从广义产品模块库中提取实例模块的过程。广义产品模块库中,上层主要是服务方案模块库,下层为零部件层模块库,由基本模块、必选模块和可选模块构成。上下层模块库的模块仅粒度和被提取的层次不同。

　　在服务方案层决策中,产生服务方案模块实例集合 $M_1 = \{M_1^1, \cdots, M_{i_1}^1, M_1^2, \cdots, M_{i_2}^2, \cdots, M_1^3, \cdots, M_{i_3}^3\}$。其中 $J_1 = i_1$ 表示组成该集合的 J_1 个基本模块实例来源于广义产品模块库中的所有基本模块;$J_2 < i_2$ 表示 J_2 个必选模块实例是从模块库中选择的,小于模块库中的数量;$J_3 \leqslant i_3$ 表示 J_3 个模块实例是用户可能选择的模块,小于等于模块库中可选模块的数量。

　　在零部件层决策中,产生零部件模块实例集合 $m_1 = \{m_1^1, \cdots, m_{t_1}^1, m_1^2, \cdots, m_{t_2}^2, m_1^3, \cdots, m_{t_3}^3\}$,具体实例模块提取方法如同服务方案层模块提取方法。值得说明的是,在零部件层配置时,部分模块是服务方案层配置集合中模块,不需要再从模块库中提取。部分模块属于服务方案配置集合中模块的子模块,本质是进行子模块的优化配置。

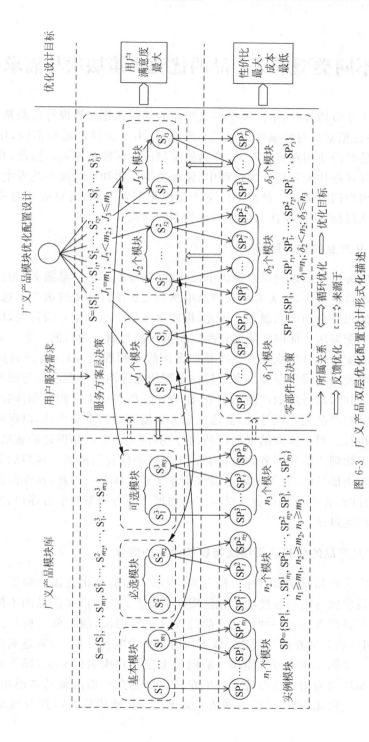

图 6-3 广义产品双层优化配置设计形式化描述

6.3 不同类型广义产品的优化决策层次与需求目标

根据 6.2 节的分析,不同类型广义产品的双层优化配置设计过程是相同的。然而,用户在根据自身的偏好选择广义产品时,由于选择的类型不同,用户在选择广义产品时的使用和要求不同,产品的定制设计深度也不同。因此,在客户与制造商交互式迭代配置设计的过程中,设计决策层次和模块类型均发生了变化。为了能向用户同时提供三种类型广义产品优化配置方案,需要展开对三种广义产品的需求目标、优化层次与模块组成类型的讨论。

1. 广义产品的需求目标

集成服务型产品以向用户提供个性化的"物理产品＋产品服务"为目的。客户不仅关注价格多少,更关心广义产品中某些关键部件和关键服务的选配,这影响到后期使用寿命和产品服务。因此,集成服务型产品的配置设计时,用户对其有较深的选配需求。面向功能的产品以租赁产品与服务为目的。客户对产品与服务的关注度不再有集成服务型产品那么深的定制程度,因为客户目标为广义产品的功能使用和质量保障。客户目标是期望选择租赁一些产品与服务以满足功能需求,同时,质量高的产品与服务,愿意花费较多成本去购买和体验。因此,在面向功能的产品配置设计时,会选择部分功能模块和重要模块,以保障质量和服务体验执行。对于面向结果的产品,客户不在关注于产品设计的底层零部件,而是关注于物理产品与服务的组合能否实现服务体验与消费。客户的满意度提升在于制造商能持续的、无故障的提供服务功能与体验。因此,在面向结果的产品配置设计时,客户可能只会选择偏好的物理产品与服务的组合即可,产品与服务的定制深度最浅。

2. 广义产品的优化决策层次与模块粒度的变化

基于广义产品的需求目标分析可知,需求目标的变化直接影响了广义产品的优化决策层次与模块粒度的变化。图 6-4 表达了三种广义产品的不同主体决策层次。三条线表达了三种广义产品的设计决策层次,线上面的模块为服务方案层,为用户决策的粒度与层次;线下面的模块为零部件层,为制造商决策的粒度与层次。必选模块和可选模块一般均为上层用户决策的模块,线下面的可选或者必选模块均为用户已经选择后的模块。制造商一般决策基本模块,可以对基本模块进行优化设计(标记为制造商需优化的物理模块),以提升模块质量与

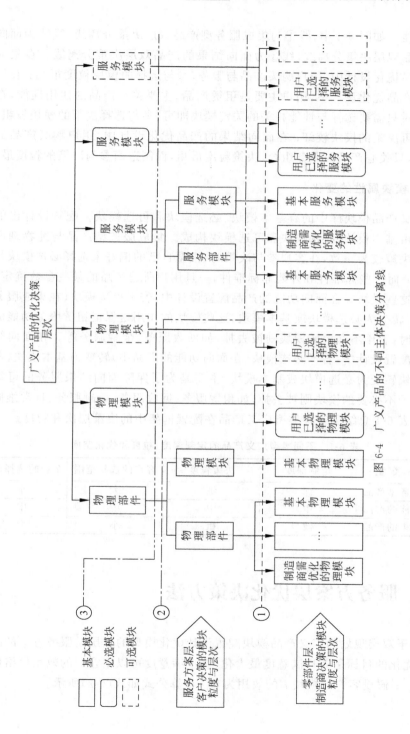

图 6-4　广义产品的不同主体决策分离线

产品性能。如图 6-4 中,线①为集成服务型产品双层决策分离线,线②为面向功能的产品双层决策分离线,线③为面向结果的产品双层决策分离线。在集成服务型产品优化设计中,用户购买产品与服务,参与选择的模块粒度很细;在面向功能的产品优化设计中,用户主要是租赁产品,主要关心产品的使用性能,在定制设计时只需要选择与性能相关的关键模块即可,参与选择决策的模块较粗,而制造商可决策的模块较细;在面向结果的产品优化设计中,用户购买产品的作用结果,只关心产品与服务组合,决策粒度最粗,而制造商参与决策的粒度最细。

3. 模块属性的变化

广义产品模块库中的有基本模块、必选模块和可选模块。配置设计出的实例产品由基本模块、必选模块和可选模块构成。集成服务型产品与纯物理产品的配置决策较为一致,在客户参与决策时,根据自己的偏好来选择必选模块与可选模块;而一些标准件和外购非标准件,一旦用户所选产品的某些参数确定,即可确定这些模块。在面向功能的产品配置设计中,若干可选模块(在集成服务型产品中)转变为必选模块或基本模块,这些模块的作用是保证租赁服务功能的实现。这时,若干不必要的模块则被去掉,如回收服务、金融服务等。在面向结果的产品配置设计中,若干必选模块(在面向功能的产品中)转变为基本模块,若干可选模块转变为必选模块或基本模块,主要是为了保障面向结果服务的可靠提供。若干不必要的模块则被去掉,如租赁服务、回收服务、金融服务、日常维修服务等。表 6-1 总结了三种类型广义产品在配置框架中的决策层次和粒度。

表 6-1　不同类型广义产品的定制深度、粒度和优化空间

产品类型	定制深度	决策粒度	客户的选择范围	企业的选择范围
集成服务型产品	深	细	大	小
面向功能的产品	中	中	中	中
面向结果的产品	浅	粗	小	大

6.4　服务方案层优化决策方法

基于双层规划的广义产品模块配置设计优化模型的上层是服务方案的配置优化,优化的目标是客户满意度最大化,客户满意度可以用客户的效用价格比来表示[225];假设客户对模块 i 的效用为 U_i,计算公式如式(6-2)所示。

6.4.1 模块效用值

$$U_i = \frac{1}{\pi}\arctan[\alpha(S_i + \beta)] + 0.5$$

$$S_i = \lambda \frac{FR_i - FR_i^*}{FR_i^*} \tag{6-2}$$

式中：U_i 为物理模块 i 对客户的效用值；S_i 为客户对模块的功能满意度值，是模块功能值 FR_i 到目标值 FR_i^* 的距离；α 和 β 是通过对现有产品的回归分析得到的系数。当 $\lambda = 1$ 时，表示 FR_i^* 的值越大，S_i 的值就越大；当 $\lambda = -1$ 时，表示 FR_i^* 的值越大，S_i 的值就越小[119,226]。

6.4.2 决策优化函数

上层决策者为客户，目标函数是考虑客户最偏好，且价格较便宜。可以表示为客户效用极大化和产品价格极小化的双目标形式，表示客户在特定价格时获得的满意度和体验最大。式(6-3)为单个模块的效用价格比。

$$F_i = \omega_i \frac{U_i}{P_i} \tag{6-3}$$

式中：ω_i 为模块功能在整个产品中的重要性；U_i 为客户对选择第 i 个模块的偏好；P_i 为第 i 个模块的价格。

广义产品由广义模块组成，包括物理模块与服务模块。由于模块类型及粒度层次的不同，在计算上层广义产品服务方案 S 的总效用值时，简单的线性加权求和无法准确地描述广义产品服务方案 S 的总效用值。广义产品服务方案的总效用值可采用多属性综合效用函数，通过不同类型模块效用的综合来实现。Keeney 和 Raiffa[166] 提出多属性综合效用函数为

$$F = \frac{1}{K}\left\{\left[\prod_{i=1}^{R}(K\omega_i F_i + 1)\right] - 1\right\} \tag{6-4}$$

式中：F_i 和 F 分别为单个模块效用值和综合效用值，在本书中可将 F_i 和 F 作为单个模块的效用价格比值，以此公式求得广义产品的总效用价格比；ω_i 和 K 是 $0\sim1$ 间的常数，分别为 F_i 和 F 的权重因子，其中 K 可通过 $1+K = \prod\limits_{i=1}^{R}(1+K\omega_i)$ 确定。

根据式(6-2)、式(6-3)和式(6-4)，建立广义产品优化配置设计的上层约束函

数,如式(6-5)所示。

$$F(X,Y) = \frac{1}{K}\left\{ \left[\prod_{i=1}^{R} \left(K\omega_i \frac{U_i}{P_i} + 1 \right) \right] - 1 \right\} \tag{6-5}$$

上层的约束条件主要是广义产品服务方案的总价格范围、模块的选择性要求,如基本模块、可选模块、必选模块等。其中 $R \leqslant m$,R 为用户选配后的广义产品服务方案实例模块总和,m 为广义产品标配模块及用户可能选择的模块总和。约束于 $\sum_{i=1}^{R} P_i \leqslant P_{\max}$,$P_{\max}$ 为客户期望的广义产品总价格最大值。

6.5　零部件层优化决策方法

6.5.1　价格计算

1. 广义产品的价格

根据用户需求的大类来分析,用户的服务需求可分为购买集成服务型产品、购买面向功能的产品和购买面向结果的产品等三大类。其中客户在购买理想产品本体服务后一般还会购买其他配套的服务模块,而租赁变压器后可能会购买少量服务模块;而购买变压服务的情况下一般不会再购买其他服务模块,用户只需要根据功能的使用按照一定的约定方式付费即可。

(1) 集成服务型产品的价格

假定用户购买集成服务型产品中广义模块 i 价格为 p_j,假定用户最终购买的服务方案的模块数量为 m 个,如果产品回收,则广义产品价格为

$$P^I = \sum_{i=1}^{m-1} p_i - RV \tag{6-6}$$

(2) 面向功能和面向结果的产品的平均年价格

面向功能和面向结果的产品一般按能耗、功能使用结果或年度计算。面向结果的产品成本主要包括租赁服务价格和固定服务成本[227]。为了简化计算过程,假定面向功能的产品的价格在销售时按年度收费 P^F,则每年平均价格为

$$P^F = \frac{\sum_{i=1}^{m} p_i}{n} \tag{6-7}$$

2. 价格函数的规范化处理

上层约束函数是用效用价格比 $\dfrac{U_i}{P_i}$ 来决策的,由于效用值是一个描述用户偏好的数值,而用户购买广义产品的价格 P_i 是价格纲量,纲量的不统一使得效用值和价格无法比较加权和。同样,下层决策函数是有性能成本比 $\dfrac{H_i}{C_i}$ 的,需要对成本 C_i 进行规范化处理。具体公式如式(6-8)所示。

$$P_i' = \frac{P_i - P_{i\min}}{P_{i\max} - P_{i\min}} \tag{6-8}$$

效用值和购买价格的规范化均是同一属性组内的规范化,U_i 和 P_i 分别为规范化后的值,然后根据式(6-5)求得最优效用价格比。同样,C_i 也是按照式(6-8)进行规范化处理的。

6.5.2　决策优化函数

下层为零部件层优化,决策者为制造商。设上层客户决策得到的广义产品服务方案 S 中有 n 个模块,第 i 个实例模块和性能之间的相关度矢量为 $\boldsymbol{h}_i(1 \leqslant i \leqslant n)$,则服务方案 S 的性能相关度集合为 $H = \{\boldsymbol{h}_1, \boldsymbol{h}_2, \cdots, \boldsymbol{h}_n\}$。以配置产品的性能成本比和利润最大化为目标得到下层优化模型及其约束[224],如式(6-9)所示。

$$\max f(Y) = \max \sum_{j=1}^{\delta} \left[\left(\frac{H_j}{C_j} \right) \left(\frac{P_j - C_j}{C_j} \right) \right] \tag{6-9}$$

式中:$\dfrac{H_j}{C_j}$ 为性能成本比;$\dfrac{P_j - C_j}{C_j}$ 为模块 j 利润率,P_j 为模块 $j(1 \leqslant j \leqslant \delta)$ 的报价,C_j 为模块制造商实现模块 j 的需要付出的成本。H_j 通过式(6-10)确定。

$$H_j = \lambda \frac{HR_j - HR_j^*}{HR_j^*} \tag{6-10}$$

式中:H_j 为客户对模块的性能满意度值,是模块实例的性能值 HR_j 到目标值 HR_j^* 的距离。当 $\lambda = 1$ 时,表示 HR_j^* 的值越大,H_j 的值就越大;当 $\lambda = -1$ 时,表示 HR_i^* 的值越大,H_j 的值就越小[224,226]。

6.6 基于双层规划的广义产品模块配置设计总体决策模型

6.6.1 总体决策模型

基于式(6-1)～式(6-10),建立上层服务方案配置与下层零部件层关联优化的双层规划模型,如式(6-11)所示。

$$\max F(X,Y) = \frac{1}{K}\left\{\left[\prod_{i=1}^{R}\left(K\omega_i\frac{U_i}{P_i}+1\right)\right]-1\right\}$$

$$\text{s. t.} \quad U_i = \frac{1}{\pi}\arctan\left[\alpha\left(\lambda_S\frac{FR_i-FR_i^*}{FR_i^*}+\beta\right)\right]+0.5$$

$$\sum_{i=1}^{R}P_i \leqslant P_{\max}$$

$$\sum_{i=1}^{R}P_i \geqslant \sum_{j=1}^{\delta}C_j$$

$$1+K = \prod_{i=1}^{R}(1+K\omega_i)$$

$$\lambda_S=-1 \text{ 或 } \lambda_S=1, \sum_{i=1}^{R}\omega_i=1$$

$$f(Y) = \max\sum_{j=1}^{n}\left(\frac{H_j}{C_j}\cdot\frac{P_j-C_j}{C_j}\right)$$

$$\text{s. t.} \ H_j = \lambda_H\frac{HR_j-HR_j^*}{HR_j^*}$$

$$\lambda_H=-1 \text{ 或 } \lambda_H=1$$

$$\sum_{j=1}^{\delta}P_j \leqslant P_{\max}$$

$$\sum_{j=1}^{\delta}C_j \leqslant \sum_{j=1}^{\delta}P_j$$

$$C_j > 0$$

$$H_j > 0 \tag{6-11}$$

6.6.2　基于 GA 的双层优化配置设计的求解

目前对于主从模型的求解方法主要有 K 次最好法[228]、K-T 条件法[229]、利用对偶间隙构造罚函数法[230]、满意解法[231]、智能算法[232]、隐枚举法[233] 等。双层问题的求解方法一般根据模型的复杂程度进行选择,以上求解方法可分为直接方法和间接方法两类。直接方法是指直接对双层规划求解;间接方法是指将双层先转化为单层再求解。广义产品双层优化配置设计属于线性的组合规划问题,可以采用基于遗传算法的直接求解方法。

遗传算法是一种全局优化搜索算法,对于求解不连续、不可微、可行域为非凸的优化问题有独到之处[234]。GA 算法包含编码选择与生成初始种群、设计适应度函数、确定选择算子、选取交叉与变异规则、终止判据选择等五步骤。

基于遗传算法的广义产品双层优化配置设计方法一般步骤是:首先由上层服务方案优化配置模型的优化目标和约束求出一个解,同时下层以该解中的上层变量为参变量求解零部件层优化配置模型,并将解反馈给上层;如果所得的解与上层的相同,则该解为广义产品配置设计模型的最优解;否则,采用优化规则进行迭代,直至得到满意的结果。

基于遗传算法的广义产品双层优化配置决策中,最重要的步骤是编码方法。双层 GA 的编码分为上层服务方案 X 编码和下层实现方案 Y 编码,如图 6-5 所示。

设在配置框架中上层最多有 J 个模块或实例,则可用 J 个基因的染色体进行描述,每个基因位表示特定的模块。基因位用(模块,实例)组合表示,模块用"1"表示该模块被选择,反之为"0"。实例用"0"表示"没有确定用哪个实例,需要下层执行方案进一步确认",反之用"相应实例号"表示。例如(1,2)表示当前基因位模块中 2 号实例被选中作为方案组成。由于服务方案中的模块包括基本模块、必选模块和可选模块,数量分别为 J_1,J_2 和 J_3,因此上层染色体中前 J_1 个基因位中模块均应被自动选中,不进行变异和交叉。对于其后的 J_2 个基因位,可以用"group(组)"的形式将必选范围进行绑定,在一个"group"中必须有一个模块被选中。最后 J_3 个基因位代表所有可选的模块。

对于一个特定的 X 方案,由于一个模块下通常有多个实现模块的实例,因此可以生成多个 Y 方案。Y 染色体的长度为 n,每个基因位表示特定的实例。如果基因为"1",则表示当前实例被选中,否则为不选择。其中前 n_1 个基因位表示 X_1 对应的所有模块实例。相应地,中间 n_2 个基因位对应于 X_2 的实例。最后 n_3 基因位代表 X_3 的实例。一组模块对应的所有实例可以形成一个 group。从图 6-5 中可以看出,从 X 生成 Y 的过程中,需要遵循以下约束:

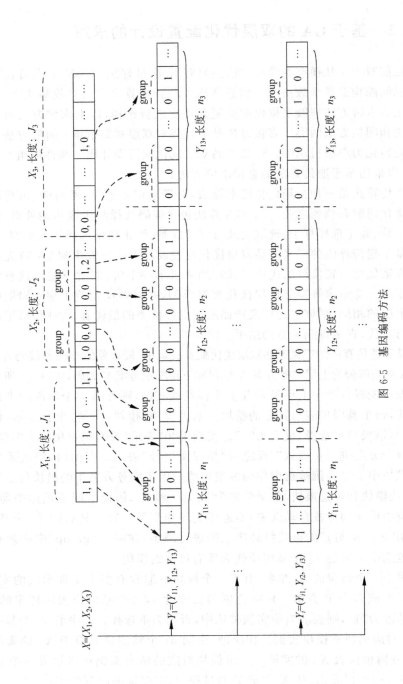

图 6-5　基因编码方法

1）如果在 X 中基因位为 $(0,0)$，则在 Y 中模块对应的所有实例均应为 0。

2）如果在 X 中基因位为 $(1,0)$，则在 Y 中模块对应的实例 group 中随机选择。

3）如果在 X 中基因位为 $(1, *)$，$*$ 不为 0，则在 Y 中模块对应的实例 group 中，第 $*$ 个实例必须被选中，其他为 0。

6.7 案例研究

以某企业的变压器广义产品为实例来验证基于双层规划的广义产品模块优化配置设计方法。现在大多数生产输变电设备企业已具有较成熟的设计、制造和管理平台，激烈的市场竞争使得企业更加专注于如何降低成本和提高服务附加值方面，开发广义产品模块优化配置技术能及时、准确地满足企业服务增值的需求，也能快速地满足客户个性化的需求，提高企业的市场竞争力。本案例中用户需求的变压器为 35kV，容量为 40 000kV·A，$(110\pm8)\times1.25\%/10.5$kV，阻抗为 10.5%，局放<70pC，爬距≥25mm/kV。

6.7.1 变压设备广义产品模块的构成

1. 服务模块清单

三类广义产品分别为购买变压器和产品服务（集成服务型产品）、租赁变压器与服务（面向功能的产品）、购买变压服务（面向结果的产品）。针对三种类型分别展开计算，以满足不同类型客户的服务需求。如表 6-2 所示的 18 种变压器服务模块。

表 6-2 变压器服务模块的构成

序号	名　称	序号		名　称
1	全责绩效服务	10		局部放电监测服务
2	日常维修服务	11		铁芯监测服务
3	变压器安装服务	12	监控	套管绝缘监测服务
4	变压器运输服务	13	服务	绕组温度光纤监测服务
5	保修期维修服务	14		色谱微水监测服务
6	备品备件服务	15		冷却单元监测服务
7	以旧换新服务	16		例行试验服务
8	完全回收服务	17	检测	型式试验服务
9	厂家直接金融租赁服务	18	服务	特殊试验服务

2. 物理模块清单

根据第 3 章和第 4 章的模块划分结果,得到如表 6-3 所示的 22 种变压器主要物理模块集合。图 6-6 为变压器主要物理部件和辅助模块的构成。

表 6-3　变压器物理模块的构成

序号	名	称	序号	名	称
1	压器本体	线圈	12	本体辅助模块	导线盒
2		铁芯	13		散热片
3		上节油箱	14		温度控制器
4		下节油箱	15		蝶阀
5		引线组件	16		储油柜
6		低压套管	17	监控组件	色谱微水监测组件
7		高压套管	18		局部放电监测组件
8		在线滤油机	19		套管绝缘监测组件
9		压力释放阀	20		铁芯监测组件
10		气体继电器	21		冷却单元监测组件
11		高低压开关控制柜	22		绕组温度光纤监测组件

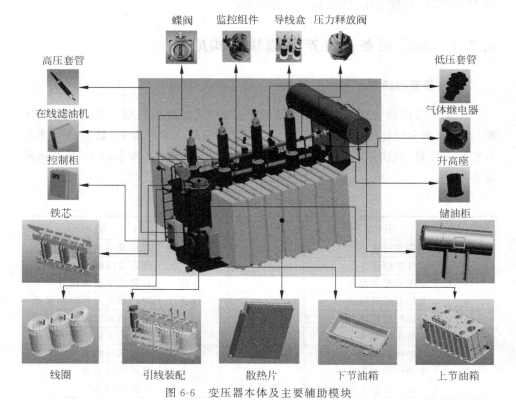

图 6-6　变压器本体及主要辅助模块

3. 模块分类

（1）外购模块

外购模块包括标准模块、非标准外购模块等，这些模块可以直接确定价格。本案例中变压器本体的外购物理模块有套管（高、低压）、在线滤油机、散热片、压力释放阀、气体继电器、高低压开关控制柜、油箱储油柜、有载开关、导线盒及控制电缆、蝶阀、温度控制器、色谱微水监测 IED 组件、局部放电监测 IED 组件、套管绝缘监测 IED 组件、铁芯监测 IED 组件、绕组温度光纤监测 IED 组件、冷却单元测控 IED 组件。变压器基本服务模块包括备品备件模块、运输服务模块、银行分期付款租赁。运输服务目前为免费；备品备件模块一般是标准配置，可直接确定价格，银行分期付款租赁由银行决定贷款利率。常见备品备件基本配置包括力矩扳手（含全套套管）、压力释放阀、套管瓷套、变压器油、蝶阀、剥线钳、油面温度表、套管法兰、散热器法兰及手孔的密封件等。

（2）自制模块

自制模块中可能有一些不需变型设计模块，也有变型模块。不需变型设计的模块可以直接确定其价格，而变型模块需要采用基于模块相似度的方法来确定。物理模块中自制变型设计模块包括铁芯、器身绝缘、引线（高压引线、低压引线）、线圈（高压线圈、低压线圈）、储油柜、油箱（上节油箱、下节油箱）、铭牌等。铭牌通常情况下是基本模块，一般安装免费配送。服务模块包括技术咨询与指导、安装服务、保修服务、检测服务等。

自制模块中可能有一些不需变型设计而直接可以确定其价格的模块，有例行试验服务、型式试验服务、特殊试验服务、以旧换新服务、完全回收服务、厂家直接金融租赁、全责绩效服务、日常维修、变压器安装服务、保修期维修服务等。

6.7.2　变压设备广义产品的配置决策层次

1. 集成服务型变压器的配置决策层次

如图 6-7 所示，用户选择决策模块包括变压器本体辅助模块、备品备件、运输服务、高压套管、低压套管、在线滤油机、气体继电器、压力释放阀、保修期服务、高低压开关控制柜、监控服务、其余可选服务等。不同类型的（SC9、SC10、SC11）变压器的节能效果不但区别于不同变压器的空载损耗和负载损耗的参数，还取决于变压器本体在设计时其内部的结构参数，铁芯结构尺寸、

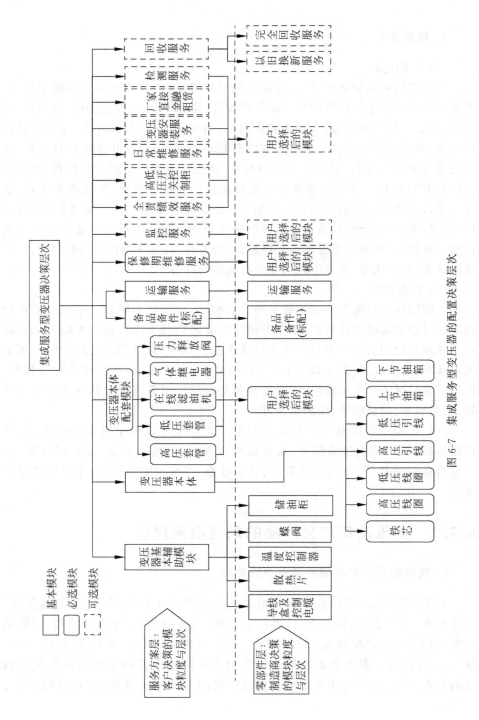

图 6-7　集成服务型变压器的配置决策层次

线圈匝数和线圈外形尺寸等。因此,变压器本体的设计是由下层制造商决策的。以旧换新服务和完全回收服务虽然属于上层决策模块,但是由于其价格与变压器本体中硅钢片和铜的价格有关,因此,制造商决策的变压器本体也直接影响到这两种服务的价格。综上所述,变压器本体、以旧换新服务和完全回收服务为制造商决策的下层模块。其余不参与决策的基本模块直接从上层传递到下层。

2. 面向功能的变压器配置决策层次

面向功能的变压器提供时,用户主要购买变压器及其配套服务的使用权,即租赁变压器。在面向功能的变压器配置设计时,变压器的物理模块选择与优化基本上由制造商来决策。此时,高低压开关控制柜变为必选模块,必须要配套才能完成变压服务,但质量的选择是由租赁需求企业来完成的。变压器的回收服务、金融租赁服务等服务不再提供。因此,如图 6-8 所示,用户决策的上层模块为高低压开关控制柜、保修期维修服务、可选模块等,其余基本模块直接配备。制造商决策的下层模块为变压器本体,变压器中的必选模块等。

3. 面向结果的变压器配置决策层次

在面向结果的变压器提供时,用户购买的是变压后的电力,不再购买变压设备。如图 6-9 所示,在变压服务配置设计时,用户的上层决策为变压器的型号(如 S9,S10 和 S11),变压器型号的不同,直接决定了购买服务的价格等级。高低压开关控制柜为必选模块,必须要配套才能完成变压服务,但类型的选择是由购买服务的用户来完成的。服务包由可选模块变为基本模块,即制造商必须要提供才能保障变压服务的有效提供。与租赁服务相比,变压服务时的变压器的日常维修服务等服务不再提供。

6.7.3　广义产品价格、制造成本与效用值等的计算

本案例中,效用函数公式(6-2)中的系数通过对现有变压器及服务的回归分析可以得到,取 $\alpha = 35, \beta = 0.2$。各种类型广义产品的模块成本、价格、效用值和性能水平值的设定如表 6-4、表 6-5 和表 6-6 所示。必须说明的是,面向功能的广义产品和面向结果的广义产品中的价格是产品生命周期价格,用户购买的实际价格为变压器的年平均价格,要根据式(6-8)和式(6-9)进行计算。一些需要特别说明的价格计算方法如下。

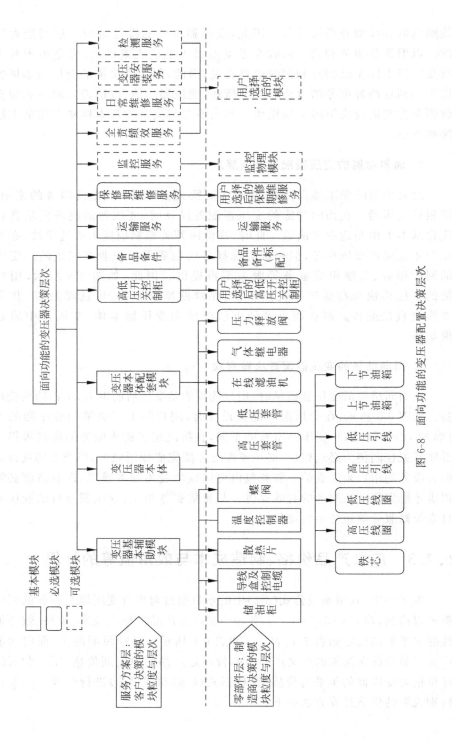

图 6-8　面向功能的变压器配置决策层次

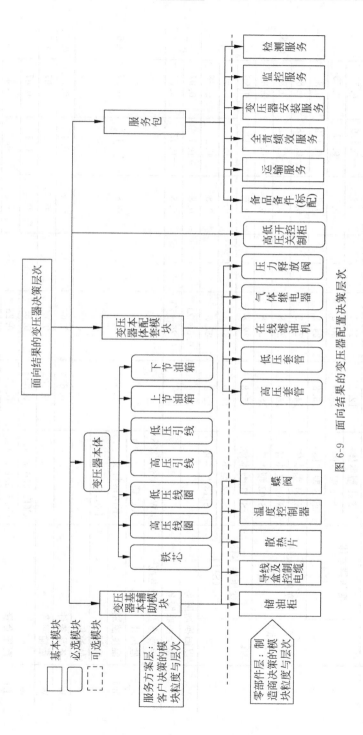

图 6-9　面向结果的变压器配置决策层次

表 6-4 集成服务型变压器的成本、价格、效用值及性能值

序号	名　称	型式、规格	制造成本/万元	销售单价/万元	数量/件或套	H_i	s_i	U_i	ω_i
Z1	变压器本体(S9)	S91 型本体	12.5	17.5	1	0.6	-0.179	0.7	
		S92 型本体	14.5	20.5	1	0.7	-0.171	0.75	
		S93 型本体	16.8	24.6	1	0.8	-0.179	0.8	0.8
	变压器本体(S10)	S101 型本体	14.7	22.3	1	0.6	-0.158	0.81	
		S102 型本体	16.6	23.8	1	0.7	-0.145	0.85	
		S103 型本体	18.7	26.8	1	0.8	-0.125	0.88	
	变压器本体(S11)	S111 型本体	15.8	22.8	1	0.6	-0.11	0.90	
		S112 型本体	17.6	25.1	1	0.7	0.05	0.96	
		S113 型本体	19.2	27.5	1	0.8	0.2	0.98	
Z2	以旧换新服务	—	0	$0.3 * Z1$	1	0.8	0.1	0.97	
	完全回收服务	—	0	$0.25 * Z1$	1	0.8	-0.15	0.83	0.5
W1	导线盒及控制电缆	BWY-803A/288	1.95	3.0	1	0.8	0.1	0.97	0.6
	散热片	JPC 型							
	温度控制器	不锈钢材质							
	蝶阀	Φ80、50、25							
	储油柜	—							
W2	备品备件	—	0.6	1.0	1	0.8	0.1	0.97	0.6
W3	运输服务	—	0.10	0	1	0.8	0.2	0.97	0.5
B1	高压套管	COT-550/800	0.35	0.55	3	0.6	0.1	0.97	0.8
		COT-551/800	0.15	0.28		0.7	-0.2	0.5	
		COT-552/800	0.30	0.50		0.8	-0.15	0.83	

续表

序号	名称	型式、规格	制造成本/万元	销售单价/万元	数量/件或套	H_i	s_i	U_i	ω_i
B2	低压套管	BD-20/3150	0.15	0.25		0.6	-0.2	0.5	
		BD-21/3150	0.2	0.30	3	0.7	-0.15	0.83	0.8
		BD-22/3150	0.25	0.45		0.8	0.1	0.97	
B3	在线滤油机	R1	1.5	2.8	1	0.8	-0.2	0.5	
		R2	1.3	2.5		0.7	-0.16	0.8	0.5
B4	气体继电器(用于主油箱)	BF-80/10	0.6	0.8	1	0.8	0.1	0.97	0.6
		BF-88/10	0.2	0.35		0.7	-0.18	0.69	
B5	压力释放阀	YSF8-55/130kJ	0.08	0.10	1	0.7	-0.15	0.83	0.8
		YSF8-56/130kJ	0.10	0.12		0.8	-0.18	0.69	
B6	保修期服务	1年	0.5	0	1	0.6	0.1	0.97	
		2年	2.8	5.4		0.7	-0.15	0.83	0.8
		3年	3.8	6.8		0.7	-0.18	0.69	
K1	高低压开关控制柜	K1型	3.8	6.0	1	0.6	-0.16	0.8	
		K2型	4.3	7.0		0.7	-0.15	0.83	0.4
		K3型	6.4	9.5		0.8	0.1	0.97	
K2	色谱微水监测IED组件	iMGA2020	0.3	0.6	2	0.8	-0.18	0.69	0.5
K3	局部放电监测IED组件	iPDM2020T	0.3	0.6	4	0.8	-0.15	0.83	0.5
K4	套管绝缘监测IED组件	iIMM2020	0.3	0.5	6	0.8	0.1	0.97	0.8
K5	铁芯监测IED组件	iOCM2020	0.5	0.7	3	0.8	0.1	0.97	0.8

序号	名　称	型式、规格	制造成本/万元	销售单价/万元	数量/件或套	H_i	s_i	U_i	ω_i
K6	绕组温度光纤监测 IED 组件	iOFT2020	0.5	0.8	3	0.8	0.1	0.97	0.8
K7	冷却单元测控 IED 组件	iCSM2020	0.4	0.8	4	0.8	−0.2	0.5	0.5
K8	安装服务	—	1.2	2.4	1	0.8	−0.18	0.69	0.6
K9	厂家直接租赁金融服务	—	0	3.2	1	0.8	−0.18	0.69	0.6
K10	例行试验	—	0.3	0.8	1	0.8	−0.15	0.83	0.6
K11	型式试验	—	1.5	2.5	1	0.8	−0.2	0.5	0.6
K12	特殊试验	—	1.8	3.0	1	0.8	−0.2	0.5	0.6
K13	全责绩效服务	—	1.2	2.4	1	0.8	0.1	0.97	0.8
K14	日常维修	—	0.8	1.2	1	0.8	−0.2	0.5	0.5

表6-5 面向功能的变压器的成本、价格、效用值及性能值

序号	名称	型式、规格	制造成本/万元	销售单价/万元	数量/件或套	H_i	s_i	U_i	ω_i
F1 变压器	变压器本体 变压器本体（S9）	S91型本体	12.5	21	1	0.6	−0.179	0.7	0.8
		S92型本体	14.5	24.6	1	0.7	−0.171	0.75	
		S93型本体	16.8	29.52	1	0.8	−0.179	0.8	
	企业1的变压器本体（S10）	S101型本体	14.7	26.76	1	0.6	−0.158	0.81	
		S102型本体	16.6	28.56	1	0.7	−0.145	0.85	
		S103型本体	18.7	32.16	1	0.8	−0.125	0.88	
	企业1的变压器本体（S11）	S111型本体	15.8	27.36	1	0.6	−0.11	0.90	
		S112型本体	17.6	30.12	1	0.7	0.05	0.96	
		S113型本体	19.2	33	1	0.8	0.2	0.98	
	导线盒及控制电缆	BWY-803A/288	1.95	3.6	1	0.8	0.1	0.97	0.6
	散热片	JPC型							
	温度控制器	不锈钢材质							
	蝶阀	φ80.50.25							
	储油阀	—							
	高压套管	COT-550/800	0.35	0.66	3	0.6	0.1	0.97	0.8
		COT-551/800	0.15	0.336		0.7	−0.2	0.5	
		COT-552/800	0.30	0.6		0.8	−0.15	0.83	
	低压套管	BD-20/3150	0.15	0.3	3	0.6	−0.2	0.5	0.8
		BD-21/3150	0.2	0.36		0.7	−0.15	0.83	
		BD-22/3150	0.25	0.54		0.8	0.1	0.97	
	在线滤油机	R1	1.5	3.36	1	0.8	−0.2	0.5	0.5
		R2	1.3	3		0.7	−0.16	0.8	
	气体继电器（用于主油箱）	BF-80/10	0.6	0.96	1	0.8	0.1	0.97	0.6
		BF-88/10	0.2	0.42		0.7	−0.18	0.69	
	压力释放阀	YSF8-55/130kJ	0.08	0.12	1	0.7	−0.15	0.83	0.8
		YSF8-56/130kJ	0.10	0.144		0.8	−0.18	0.69	

续表

序号	名　　称	型式、规格	制造成本/万元	销售单价/万元	数量/件或套	H_i	s_i	U_i	ω_i
F2	备品备件	一	0.6	2.4	1	0.8	0.1	0.97	0.6
F3	运输服务	一	0.10	0.6	1	0.8	0.2	0.97	0.5
B1	保修期服务	1年	0.5	0	1	0.6	0.1	0.97	0.8
		2年	2.8	6.48	1	0.7	−0.15	0.83	
		3年	3.8	8.16	1	0.7	−0.18	0.69	
B2	高低压开关控制柜	K1型	3.8	7.2		0.6	−0.16	0.8	0.8
		K2型	4.3	8.4	1	0.7	−0.15	0.83	
		K3型	6.4	11.4		0.8	0.1	0.97	
K1	色谱微水监测 IED 组件	iMGA2020	0.3	0.72	2	0.8	−0.18	0.69	0.7
K2	局部放电监测 IED 组件	iPDM2020T	0.3	0.72	4	0.8	−0.15	0.83	0.7
K3	套管绝缘监测 IED 组件	iIMM2020	0.3	0.6	6	0.8	0.1	0.97	0.8
K4	铁芯监测 IED 组件	iOCM2020	0.5	0.84	3	0.8	0.1	0.97	0.8
K5	绕组温度光纤监测 IED 组件	iOFT2020	0.5	0.96	3	0.8	0.1	0.97	0.8
K6	冷却单元测控 IED 组件	iCSM2020	0.4	0.96	4	0.8	−0.2	0.5	0.7
K7	安装服务	一	1.2	2.88	1	0.8	−0.18	0.69	0.6
K8	例行试验	一	0.3	0.96	1	0.8	−0.15	0.83	0.6
K9	型式试验	一	1.5	3	1	0.8	−0.2	0.5	0.6
K10	特殊试验	一	1.8	3.6	1	0.8	−0.2	0.5	0.6
K11	全责绩效服务	一	1.2	2.88	1	0.8	0.1	0.97	0.8
K12	日常维修	一	0.8	1.44	1	0.8	−0.2	0.5	0.5

表 6-6　面向结果的变压器的成本、价格、效用值及性能值

序号	名　称	型式、规格	制造成本/万元	销售单价/万元	数量/件或套	H_i	s_i	U_i	ω_i
F1	变压器本体（S9）	S91 型本体	12.5	22.75	1	0.6	−0.179	0.7	
		S92 型本体	14.5	26.65	1	0.7	−0.171	0.75	
		S93 型本体	16.8	31.98	1	0.8	−0.179	0.8	0.8
	变压器本体（S10）	S101 型本体	14.7	28.99	1	0.6	−0.158	0.81	
		S102 型本体	16.6	30.94	1	0.7	−0.145	0.85	
		S103 型本体	18.7	34.84	1	0.8	−0.125	0.88	
	变压器本体（S11）	S111 型本体	15.8	29.64	1	0.6	−0.11	0.90	
		S112 型本体	17.6	32.63	1	0.7	0.05	0.96	
		S113 型本体	19.2	35.75	1	0.8	0.2	0.98	
F2	导线盒及控制电缆	BWY-803A/288							
	散热片	JPC 型							
	温度控制器	不锈钢材质	1.95	3.9	1	0.8	0.1	0.97	0.6
	蝶阀	φ80，50，25							
	储油柜	—							
F3	高压套管	COT-550/800	0.35	0.715		0.6	0.1	0.97	0.8
		COT-551/800	0.15	0.364	3	0.7	−0.2	0.5	
		COT-552/800	0.30	0.65		0.8	−0.15	0.83	
	低压套管	BD-20/3150	0.15	0.325		0.6	−0.2	0.5	
		BD-21/3150	0.2	0.39	3	0.7	−0.15	0.83	0.8
		BD-22/3150	0.25	0.585		0.8	0.1	0.97	
	在线滤油机	R1	1.5	3.64	1	0.8	−0.2	0.5	0.5
		R2	1.3	3.25		0.7	−0.16	0.8	
	气体继电器	BF-80/10	0.6	1.04	1	0.8	0.1	0.97	0.6
		BF-88/10	0.2	0.455		0.7	−0.18	0.69	
	压力释放阀	YSF8-55/130kJ	0.08	0.13	1	0.7	−0.15	0.83	0.8
		YSF8-56/130kJ	0.10	0.156		0.8	−0.18	0.69	

续表

序号	名称		型式、规格	制造成本/万元	销售单价/万元	数量/件或套	H_i	s_i	U_i	ω_i
F4	高低压开关整制柜	高低压开关整制柜	K1型	3.8	7.8	1	0.6	-0.16	0.8	0.8
			K2型	4.3	9.1		0.7	-0.15	0.83	
			K3型	6.4	12.35		0.8	0.1	0.97	
F5	监整服务	色谱微水监测IED组件	iMG6;A2020	8.2	18.59	1	0.8	0.1	0.97	0.8
		局部放电监测IED组件	iPDM2020T							
		套管绝缘监测IED组件	iMM2020							
		铁芯监测IED组件	iOCM2020							
		绕组温度光纤监测IED组件	iOFT2020							
		冷却单元监测整IED组件	iCSM2020							
F6	检测服务	例行试验	—	3.6	8.19	1	0.8	-0.15	0.83	0.6
		型式试验	—							
		特殊试验	—							
F7	辅助服务	备品备件	—	3.1	9.49	1	0.8	-0.2	0.97	0.5
		运输服务	—							
		安装服务	—							
		全责绩效服务	—							

（1）运输服务

运输服务价格为 0 元,这是因为变压器销售企业大多提供免费运输服务,而变压器的平均运输成本约为 0.10 万元,在计算制造企业总利润时为－0.10 万元。

（2）金融服务

企业或者银行开展金融服务的目的是赚钱,而用户则需要多付超出变压器贷款本金的额外利息。根据公式利息＝贷款本金×利率×贷款期限,35kV 的变压器以贷款 10 万元和 5 年还清为限；设变压器厂家直接租赁的年利率为 6.4％,则总利息为 $10 \times 6.4\% \times 5$ 万元＝3.2 万元。

（3）回收成本

变压器的回收成本计算公式为 $RV_{ij} = \mu P_i^F$,根据变压器本体的实际残值,"以旧换新"时 μ 可取 0.3(主要是鼓励用户继续使用该企业的新变压器),回收时 μ 可取 0.25。

$$总价格－以旧换新或完全回收＝用户实际支付$$

因此,对于销售单价为负值。

根据数据规范化公式,对表 6-4、表 6-5 和表 6-6 中的价格和效用值等进行规范化处理。近似成本估算和效用值均规范到[0,1]区间,而决策模型中用户购买成本为分母,不能为零。但实际规范化后的价格有 0 的存在,此时将效用值与用户购买成本的比值设定为最大值 1。然后,基于 6.6 节中建立的总体决策模型(式(6-11)),在 Java 开发环境下编写 GA 程序,对广义产品的可能配置组合进行决策分析,最终可得到最优化解的配置组合。

6.7.4　变压设备广义产品的优化配置设计结果

1. 集成服务型变压器优化配置设计

设定用户购买价格不超过 55 万元,制造商为用户配置面向功能的变压器。经过 86 次迭代,上下层目标函数均达到了最优值(如图 6-10 所示)。上层目标函数从 17.66 提高到 18.40,下层目标函数从 21.41 提高到 25.79,用户选择实际总价格为 52.61 万元,制造商总利润为 12.27 万元。此时,配置出的最佳实例模块集合为(S111 型变压器本体模块、以旧换新服务、导线盒等变压器本体附件、备品备件、运输服务、高压套管模块的第 2 个实例、低压套管模块的第 2 个实例、在线滤油机模块的第 2 个实例、气体继电器模块的第 1 个实例、压力释放阀模块的第 1 个实例、保修期服务模块的第 1 个实例。高低压开关控制柜模块的第 1 个实例、色谱微水监测 IED 组件、局部放电监测 IED 组件、套管绝缘监测 IED 组件、铁芯监测 IED 组件、绕组温度光纤监测 IED 组件、冷却单元测控 IED 组件、厂家直接租赁金融服务、例行试验、型式试验、全责绩效服务和日常维修等模块）。

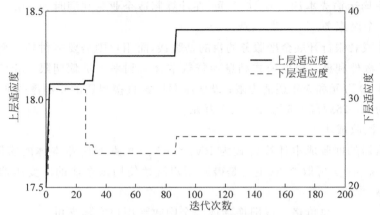

图 6-10　用户购买价格不超过 55 万元时的优化迭代曲线（集成服务型变压器）

不同用户购买价格时的集成服务型变压器用户满意度和制造商利润如图 6-11 所示。为了能表明用户满意度随价格和利润的变化趋势，图 6-11 中左侧纵轴为价格与利润，右侧纵轴为用户满意度，横轴为用户预期价格。曲线是由 25 万～70 万元之间的预期价格点构成，某个价格点表示用户支付预期价格时得到的最优化方案的实际购买价格、制造商利润、用户满意度等值。从图 6-11 中可以看出，随着用户愿意支付的实际价格的升高，用户的满意度和制造商利润均随之升高，能实现双方的共赢。

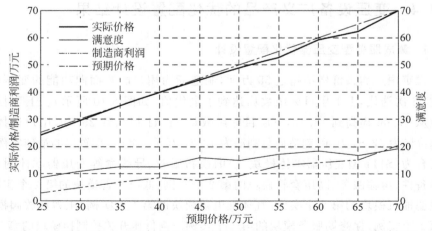

图 6-11　不同用户购买价格时的方案满意度和制造商利润（集成服务型变压器）

2. 面向功能的变压器优化配置设计

设变压器使用寿命为 20 年,假定用户购买价格不超过 2.75 万元(图 6-12 中的曲线为 55 万元),制造商为用户配置面向功能的变压器。经过 26 次迭代,上下层目标函数均达到了最优值(如图 6-13 所示)。上层目标函数从 13.82 提高到 14.83,下层目标函数从 35.54 提高到 37.92,用户选择实际总价格为 54.23 万元,制造商总利润为 19.90 万元。此时,配置出的最佳实例集合为{变压器 S91型本体模块、导线盒等变压器本体附件、高压套管模块的第 2 个实例、低压套管模块的第 2 个实例、在线滤油机模块的第 2 个实例、气体继电器模块的第 2 个实例、压力释放阀模块的第 1 个实例、保修期服务模块的第 1 个实例、高低压开关控制柜模块的第 1 个实例、绕组温度光纤监测 IED 组件模块、冷却单元测控IED 组件模块、例行试验模块、全责绩效服务模块}。

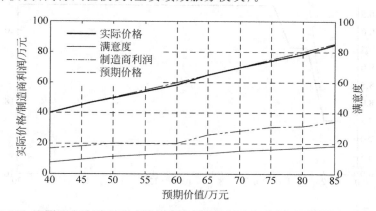

图 6-12　不同用户购买价格时的方案满意度和制造商利润(面向功能的变压器)

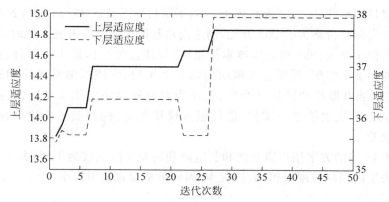

图 6-13　用户购买价格不超过 55 万元时的优化迭代曲线(面向功能的变压器)

不同用户购买价格时的面向功能的变压器用户满意度和制造商利润如图 6-12 所示。曲线是由 40 万～85 万元之间的预期价格点构成。从图 6-12 中可以看出，随着用户愿意支付的实际价格的升高，用户的满意度和制造商利润均随之升高，能实现双方的共赢。

3. 面向结果的变压器优化配置设计

设变压器使用寿命为 20 年，假定用户购买价格不超过 4.15 万元（图 6-12 的曲线中为 83 万元），制造商为用户配置面向结果的变压器。经过 5 次迭代，上下层目标函数均达到了最优值（如图 6-14 所示）。

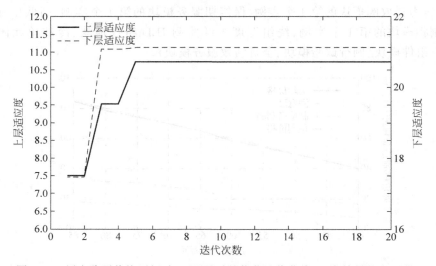

图 6-14　用户购买价格不超过 83 万元时的优化迭代曲线（面向结果的变压器）

上层目标函数从 7.48 提高到 10.73，下层目标函数从 17.45 提高到 21.13，用户选择实际总价格为 82.02 万元，制造商总利润为 42.93 万元。此时，配置出的最佳实例集合为｛S92 型变压器本体模块、导线盒等变压器本体附件、高压套管模块的第 2 个实例、低压套管模块的第 2 个实例、在线滤油机模块的第 2 个实例、气体继电器模块的第 2 个实例、压力释放阀模块的第 1 个实例、高低压开关控制柜模块的第 2 个实例、监控服务模块集合、检测服务模块集合、辅助服务模块集合｝。

图 6-15 中的方案用户满意度和制造商利润变化曲线较为平缓，由于用户和制造商决策的模块粒度较粗，数量较少，因而价格变化范围较小。

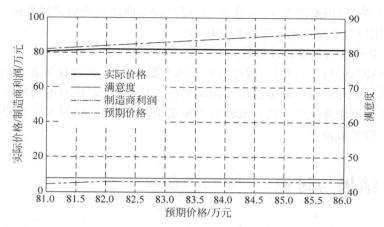

图 6-15 不同用户购买价格时的方案满意度和制造商利润(面向结果的变压器)

4. 综合决策

客户在选择决策变压器广义产品时,制造商可提供的有集成服务型产品、面向功能的变压器和面向结果的变压器。需要基于用户的特定需求进行综合决策,使用户得到满意度最大的产品。用户购买变压器广义产品时,通常有以下几种客观环境的局限。

(1) 基于用户平均购买成本

在用户期望的 55 万元价格时,优化后的集成服务型变压器成本为 40.34 万元,优化后的面向功能的变压器成本为 34.33 万元,说明同样花费 55 万元(后者的年费用为 2.75 万元),后者得到的产品和服务质量与性能较前者低。即如果用户得到同样等级的广义产品,购买面向功能的变压器需要较高价格。同样,面向结果的变压器需要支付更高的价格。

(2) 基于用户实际支付成本

如用户期望价格低于 55 万元时,用户购买集成服务型变压器价格为 54.23 万元,面向功能的变压器年租金为 2.75 万元。面向结果的变压器的生命周期总价格为 83 万元时,用户购买价格的年度价格为 4.15 万元。一些用户由于资金紧张,不能立即支付价格较高的变压器,可以采取分年度租赁变压器或购买电力服务方式,也可以采取购买集成服务型变压器,同时使用融资租赁服务(分期付款)方式解决。

(3) 基于使用年限

根据变压器企业用户统计发现,使用期限在 1 年内的,用户购买面向结果的变压器较多；使用期限在 1～5 年内的，用户购买面向功能的变压器较多；5 年以上的，用户购买集成服务型变压器较多。

（4）基于电力供应的连续性

某些特殊的行业或用户，对电力的故障率要求严格，需要保证较长的连续电力供应时间。此时用户较多选择面向结果的变压器，可以按照电力故障次数的多少给变压器服务企业付费。或者购买集成服务型产品，同时要求提供全责绩效服务以降低故障率。

6.8　结果与讨论

广义产品包括集成服务型产品、面向功能的产品和面向结果的产品。不同类型的广义产品具有不同的客户满意度和企业利润，如何从客户和企业角度获得两者均满意的广义产品是一个博弈决策难题。已有的设计方法通常是从客户的角度或者企业角度进行集成设计，由于客户满意度和企业利润最大化是一个相互矛盾的问题，因此，最终的产品要么难以获得较高的客户满意度，要么企业的利润难以最大化。这种集成设计方法实际是忽略了广义产品设计中客户与企业间的主从关系。本章提出以客户满意度为主，企业利润为从的广义产品配置过程：首先进行服务方案层模块的优化配置，实现用户满意度最大；然后基于用户选择的服务方案，通过制造商的优化设计来实现广义产品的利润率最大化和性价比最大化。而且，也提出了广义产品客户满意度和企业利润的评价指标，建立了广义产品模块配置设计优化模型，最后对实际案例进行了分析，并进行了讨论，得到如下结论：

1）制造商在卖产品时获得的利润较低，卖面向功能的广义产品时的生命周期总利润较高，而卖面向结果的广义产品获得的总利润最高。

2）用户最终购买何种类型的广义产品，是根据用户的平均购买成本、实际支付成本、使用年限以及其他特殊情况下决策的。不同类型的产品，其决策条件有所不同。

3）广义产品的模块优化配置设计是多类型且具有主从关系的，其优化设计需要针对这三种类型单独优化配置，最后再进行综合决策。基于双层规划的广义产品模块优化配置设计方法，客观描述了用户购买产品时的博弈过程，体现了广义产品提供模式的核心价值，能为用户购买广义产品提供有效决策指导，配置出用户和制造商均较满意的广义产品。

第7章 面向大规模个性化的产品服务系统模块化设计

近 20 年来,为推动我国从制造大国升级到制造强国,政府采取了一系列积极有效的措施。然而,当前我国的制造业整体上仍呈现出"大而不强"、低端制造产能过剩、高端制造创新与供给不足、环境问题日益恶化等局面,传统制造业的不可持续性仍非常显著。为此,2015 年我国提出实施《中国制造 2025》制造强国战略,将"推动生产型制造向服务型制造转变,从主要提供产品制造向提供产品和服务转变"作为战略工程来大力推进[235]。西门子、ABB、GE 以及国内的陕鼓、杭氧等一流制造企业,剥离外包非核心业务并专精于核心业务,从传统的以单纯销售物理产品,向客户提供"产品服务系统"(PSS)的整体解决方案转变[236,237]。

大规模个性化时代已经到来,2010 年 Tseng 等提出了大规模个性化的概念[238]。大规模个性化是一种通过大规模生产的方式,在产品或者服务生命周期内向用户提供独一无二的产品或服务体验来满足客户的个性化需求,实现真正意义上的用户独特的功能、服务或价值体验[238,239]。2014 年 4 月,第 24 届 CIRP(The International Academy for Production Engineering)产品设计国际会议的会议主题为"大规模定制与个性化",将大规模个性化的研究推向了领域前沿。2016 年 8 月,在第 12 届设计与制造前沿国际会议上,美国密歇根大学 Hu 教授在大会报告上提出了"Open product"设计,即为产品大规模个性化设计[240,241]。

PSS 和大规模个性化已成为当前及未来一段时期重要的产品与服务提供模式,基于此,本章将研究面向大规模个性化的 PSS 模块化设计方法,分析大规模个性化与大规模定制模式的不同,归纳总结面向大规模个性化的 PSS 模块化设计的基本特征与实现模式,提出面向大规模个性化的 PSS 模块化过程与方法。

7.1　大规模个性化模式与大规模定制模式

　　制造工业经历了一系列变迁,从手工制造时代到大规模生产时代,再到大规模定制时代(如图 7-1 所示)。产品制造模式(即产品变型)从低产量多变型、小批量少变型、大批量少变型发展到小批量多变型(大规模个性化)。然而,大规模个性化生产模式也急需新理论和技术的支撑,在此情况下,大规模个性化和 3D 打印等理念或技术应运而生[238-242]。

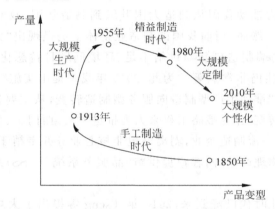

图 7-1　制造模式变迁演化历程[240]

　　3D 打印是一种基于数字模型文件,将粉末状金属或塑料材料进行高温熔化叠加增材的生产方式[242]。3D 打印可以实现客户参与的完全个性化设计,但由于其加工方式的特殊性,其材料和应用范围具有一定的局限性。在大规模数量需求下,其生产效率和产能与没有传统的减材制造方式相比较为低下。因此,在当前及未来较长的一段时期内,传统的减材制造方式仍占据核心地位。

　　在传统的减材制造模式下,针对传统产品和 PSS 设计的相关研究主要是在一定批量的大规模定制生产方式下的设计开发,在功能建模、开发过程、方案设计、配置设计、产品平台等方面取得了一系列进展[52,55,70,243-246]。大规模定制模式是一种以大批量生产的低成本、高质量和高效率提供定制的产品与服务的生产方式,为 PSS 的大批量快速实施提供了基本原理和技术支撑[126,247]。然而,大规模定制不是真正意义上的个性化,而是针对特定细分市场的批量大规模生产,并不能真正体现出每个用户独特的个性需求与服务体验[248]。大规格个性化与大规模定制在面向细分市场、用户需求、设计空间、用户参与深度和设计指标等方面存在较大的区别(见表 7-1)。

表 7-1　大规模定制与大规模个性化设计的区别[126,238,240,248]

类　别	细分市场	设计空间	用户需求	用户参与深度	设计指标
大规模个性化	某一个客户	模块化架构具有自适应性和可变性	隐形的需求：在物理产品功能模块变型基础上，强调通过服务、美学和其他认知来实现用户独特的体验感受	参与个性化模块的设计	技术性指标＋个性指标＋服务体验指标
大规模定制	某一群体（数量大于1）	固定预设计的模块化架构	显性的需求：主要通过物理产品的预先设置的模块变型组合	选择适合自己的模块	技术性指标

　　在面向大规模个性化模式下的 PSS 提供中,PSS 主要提供类型包括面向产品的 PSS、面向使用的 PSS 和面向结果的 PSS,能针对不同类型的用户个性化需求提供不同的解决方案[21,22]。PSS 的个性化与服务多变性必然造成企业在管理、设计制造、供应和实施等环节成本的大幅增加[44]。模块化是一种降低运营成本和增加 PSS 效能、兼具个性化与大规模生产,实现用户需求快速供给的一种有效途径[9,45-48,76,248]。
　　基于表 7-2 的分析,面向大规模个性化 PSS 与传统 PSS 的模块化设计在研究目标、个性化程度、参与方、模块化粒度、系统复杂度和设计难度等方面均存在较大不同。大规模定制模式下的模块化设计研究,模块化方案规划、配置设计机制、模块化产品架构、模块和关键参数都是保持固定和预先设计情况下开展面向细分市场的配置设计,并不能实现客户一对一的大规模个性化需求[238-241]。因此,面向大规模个性化 PSS 与传统 PSS 的模块化设计存在较大不同。

表 7-2　面向大规模个性化 PSS 与传统 PSS 的模块化设计的区别

类别	研究目标	个性化程度	参　与　方	模块化粒度	系统复杂度	设计难度
传统 PSS	不同类型产品与服务的集成提供	大规模定制模式,某一细分市场群体的个性化	设计者、服务提供者、客户（选择定制）	较细（细分市场级的模块化）	较复杂	物理产品与服务之间的复杂交互关系及集成提供
面向大规模个性化的 PSS	客户需求完全个性化的 PSS 提供,同时考虑生态环境效益	客户个体的个性化、客户极致体验	设计者、服务提供者、客户（参与设计）、环境因素	更细（客户级模块化,支持用户设计个性化模块）	更复杂（更多参与方,模块化指标更多,用户个性化设计导致模块数量大幅增加）	大规模个性化、可靠性与模块化多目标冲突与消解,用户个性化模块与系统整体成本优化设计等

基于以上论述与分析,研究大规模个性化生产模式下 PSS 模块化设计理论框架体系,通过物理产品与服务内部模块的快速组合,实现客户需求的大规模、个性化、低成本与快速提供,此即本章的出发点。

7.2 面向大规模个性化的 PSS 模块化设计研究与应用现状

7.2.1 PSS 模块化设计研究进展

PSS 模块化设计是由一系列物理模块与服务模块的优化配置来完成的。物理模块是具有某种确定独立功能的半自律性的子系统,它可以通过标准的界面结构与其他功能的半自律性子系统按照一定的规则相互联系而构成更加复杂的系统,具有独立功能、独立结构的实体。服务模块是一种功能独立的有形服务或无形服务的抽象体,它是通过物理模块和服务过程的互动来实现服务的功能。

在 PSS 模块化设计领域,2006 年,Aurich 等首先提出了 PSS 的模块化设计框架、原理和配置设计方法[49];建立了实现技术型 PSS 模块化原理,提出了通过一个过程库来设计和制造技术型 PSS[47-49]。2011 年,Tuunanen 等通过两个案例验证了服务过程的模块化设计,能使服务过程族得到重用并组合出客户满意的服务产品[117]。同年,Geng 等提出一种新的 PSS 的概念化设计方法,它包括建立用户任务模型、功能模型以及概念化服务蓝图[249]。国内,董明等提出一种基于本体的模块化建模和配置方式,在面向配置的整体产品建模中,采用可达矩阵方法对服务要素进行模块划分,提出基于元本体的 PSS 配置设计方法[118]。Wang 等提出了一个面向 PSS 的并行模块开发框架,采用质量功能矩阵方法与 Portfolio 技术实现了面向 PSS 的模块化开发[56]。2012 年,Geum 等提出一个基于质量屋的服务模块化框架和服务集中的模块化方法,他们将服务分解为三个维度,即服务过程、服务结果和服务的先决条件,并采用聚类分析法实现了模块识别[51]。2013 年,Long 等考虑客户需求,提出了基于支持向量机的 PSS 配置模型[250]。为了提高 PSS 的实施效能,Shikata 等提出了采用模块化产品架构的方法扩展多样化的服务以增加产品的附加值[251]。2014 年和 2015 年,明新国等提出了基于工业服务蓝图的服务模块识别方法,利用基于模糊树理论的模块化构建方法得到不同方案;并提出了基于粗糙近理想解法的服务方案决策模型[252,253]。同一时期,李浩等在集成服务型产品和广义产品的模块化方面做了较多研究。李浩建立了广义产品模块化过程总体模型,提出了一个三阶段的交互式集成服务型产品模块划分方法,并采用质量屋法来评价广义模块之间的一致性,确保模块划分的合理性与一致性;通过提出功能性服务的概念理清了物理模块与服务模块的交互关系,建立了广义产品模块化主结构和实例结构模型,实现了物理模块与服务模块的有机融合[9,75,79,81,82,87,153,154,254]。

学者们针对集成服务型产品(即面向产品的 PSS)、广义产品和 PSS 等对象进行了模块化设计相关研究,并在物理与服务模块关系、模块识别与划分、模块描述与建模、配置设计等方面做出了一系列开创性成果。但是,目前针对 PSS 的研究,还没有解决物理模块与服务模块数量关系这个难题。在大规模个性化提供模式下,主要矛盾冲突转移到系统内部和系统外部冲突上来。系统外部体现为个性化和可靠性,利益对象是客户;而系统内部因素是模块化度、低成本,利益对象是 PSS 提供商。如何平衡系统内部和外部因素,探索多目标之间的冲突消解机制,使得客户和制造商的满意度均最大化和双赢才是 PSS 系统个性化设计的最终目标。

7.2.2　大规模个性化的研究进展

大规模个性化设计的目标是提高用户体验和参与度的同时仍保持后端的生产效率,近几年来成为研究前沿。Tseng 和 Jiao 课题组提出了面向大规模个性化设计的技术架构,该架构包括产品设计、过程设计和供应链设计等步骤,分别通过产品平台、过程平台和供应链平台来实现[238,239],归纳了大规模个性化设计的典型特征:用户体验、产品变化和协同创造,分析总结了面向大规模个性化的情感和认知设计的关键维度[239]。Murthi 等提出了一个个性化设计的体系框架,包括个性化实现关键阶段,即识别客户偏好、匹配客户需求、识别和匹配过程评估[255]。为了推动大规模定制向大规模个性化转变,Reiß 提出采用电子商务服务的方式来实现大规模个性化;Kumar 提出了一些推动大规格定制向大规模个性化转变的关键因素,如客户/市场共享、IT 技术等[256];他也提出了一个采用效率指标来测量大规模定制与个性化效率的方法学[248]。为了将客户行为施加到个性化的产品与服务上,Adomavicius 和 Tuzhilin 提出了一个基于迭代反馈的个性化提供过程,主要包括三个阶段,即理解客户需求、投递个性化产品和测量个性化的影响[257]。

针对大规模个性化设计的研究目前还处于起步阶段,Tseng 和 Jiao 课题组对面向大规模个性化设计的技术架构进行了较多研究。大规模个性化设计容易导致模块数量失控和成本大幅增加。为了控制成本和实现高效率提供,模块化设计原理是必不可少的基本支撑手段,目前未见面向大规模个性化的模块化

PSS 系统的相关报道。

在大规模个性化提供模式下,PSS 主要矛盾冲突转移到系统内部和系统外部冲突上。系统外部体现为个性化和可靠性,利益对象是客户;而系统内部因素是模块化度、低成本,利益对象是 PSS 提供商。如何平衡系统内部和外部因素,探索多目标之间的冲突消解机制,使得客户和制造商的满意度均最大化和双赢才是 PSS 系统个性化设计的最终目标。

7.3 面向大规模个性化的 PSS 模块化设计基本特征与实现方式

7.3.1 面向大规模个性化的 PSS 模块化设计基本特征

表 7-3 为面向大规模个性化的不同类别 PSS 模块化特征分析,分别从模块组成、配置设计时模块类别的变化、用户决策关注点、设计优化目标和个性化体现形式等方面进行了分析。值得说明的是,如表 7-3 所示,不同类型的 PSS 在模块组成和配置设计时模块类别等方面存在较大不同。在模块组成上,面向产品

表 7-3 面向大规模个性化的不同类别 PSS 模块化特征分析

PSS 类别	模块组成	配置设计时模块类别的变化	用户决策关注点	设计优化目标	个性化体现形式
面向产品的 PSS	用户:物理模块、配套模块、服务模块;制造商:物理模块＋服务模块	基本模块、必选模块、可选模块,其中配套模块为可选模块	关注大多数物理模块,产品生命周期的服务模块	产品性价比高,产品生命周期服务便捷	个性化物理产品、个性化的服务模块、个性化的服务投递
面向使用的 PSS	用户:物理模块＋配套模块、部分服务模块;制造商:物理模块＋配套模块＋服务模块	配套模块和部分服务模块变为基本模块,部分服务模块不再使用	关注核心物理模块和服务模块	性能价格比高,可持续性好	个性化的物理产品功能,独特的服务体验
面向结果的 PSS	用户:服务模块;制造商:物理模块＋配套模块＋服务模块	少量基本模块、必选模块、可选模块	主要关注服务质量与体验	服务体验好,可靠性高	独一无二的服务体验

的 PSS 需提供给用户物理模块和相应的服务模块；对于面向使用的 PSS，有些特殊的产品，为了保证租赁后的产品能有效运行，还需要提供一些配套模块才能确保产品的正常运行。配套模块为一种特殊的模块，主要是为保障面向使用的变压器和面向结果的 PSS 能正常运行而必选提供的配套模块。但这些模块在面向产品的 PSS 提供时仅为可选模块。以变压器为例，在面向功能的变压器提供时，用户主要购买变压器及其配套服务的使用权，即租赁变压器。此时，高低压开关控制柜变为必选模块，必须要配套才能完成变压服务；但在面向产品的变压器销售时，高低压开关控制柜是可选模块。在面向功能的变压器提供时，部分服务模块如回收服务、金融租赁服务等不再提供。

7.3.2　PSS 大规模个性化的实现方式

PSS 大规模个性化的实现可以从四个视角来分析，即分别从 PSS 类别、PSS 提供维度、PSS 提供阶段和 PSS 模块类别等不同视角进行个性化实现方式分析，如表 7-4 所示。在用户根据自己的个性化需求选择产品类别时，可选择三种不同的模式来实现：面向产品的 PSS、面向使用的 PSS 和面向结果的 PSS，实现了一定程度上的类别个性化；在 PSS 提供阶段，可以提供个性化物理产品、个性化服务，也可以通过个性化供应链；在 PSS 产品设计阶段，可通过个性化的物理模块、个性化的服务模块或者两者集成提供来实现 PSS 的产品设计个性化。

表 7-4　PSS 的个性化实现方式

视　　角	PSS 的个性化实现方式			
PSS 类别	面向产品的 PSS	面向使用的 PSS	面向结果的 PSS	
PSS 提供维度	物理产品个性化	服务个性化	供应链（过程个性化）	
PSS 提供阶段	设计	制造	投递	服务运行
PSS 模块类别	物理模块	服务模块		

基于对 PSS 个性化实现方式的分析，PSS 模块化设计的个性化可从四个方面展开。

（1）广义需求（含功能需求、性能需求、个性需求和可持续需求等）获取的智能感知，通过历史记录、信息系统实时监测等手段来分析判断用户的独特需求品味和特征，智能感知有一定的不确定性和提前预知性。

（2）具有可变性和自适应性的 PSS 产品族架构。在大规模个性化设计阶段，必须依靠产品平台才能实现其大规模批量化和低成本化，而产品族架构规划是基于产品平台的 PSS 模块化设计的核心。传统产品族架构所规划的产品模块化设计机制、模块化产品架构、基本模块和关键参数等都是保持固定和预先设计情况下开展面向细分市场的设计，而在大规格个性化生产模式下，PSS 模块化产品族架构应具有可变性和自适应性，以支持用户的个性化需求和不同类别 PSS 的模块化实现。

（3）PSS 的个性化自适应配置设计。当感知到客户的个性化特征后，可通过自适应配置设计出一系列个性化的产品与服务模块组合来满足用户需求；同时，在配置设计过程中，支持 PSS 个性化模块的情感认知再设计，以满足用户的个性化需求与体验。

（4）PSS 的个性化提供过程。配置和提供的产品是满足用户需求的，可能是独一无二的，也可能是与其他用户一样的，但可通过投递过程来实现提供过程的个性化，而模块化是实现个性化的基础。

7.4　面向大规模个性化的 PSS 模块化过程与方法

7.4.1　面向大规模个性化的 PSS 模块化过程建模方法

面向大规模个性化的 PSS 模块化建模过程主要分为 PSS 模块化方案设计与规划、PSS 模块化配置设计和 PSS 模块化实现三个步骤（如图 7-2 所示）。

在 PSS 模块化方案设计与规划阶段，通过对大量客户需求和可持续性需求的获取，对不同类型的 PSS 进行方案设计、模块划分与模块设计，形成一系列物理与服务模块，并对 PSS 产品族架构进行规划，建立 PSS 产品平台。在 PSS 模块化配置设计阶段，根据某客户的需求，进行个性化推荐和体验，建立 PSS 模块化实例结构，并对个性化模块进行情感认知再设计，使得配置后的 PSS 尽可能满足部分客户的独特需求。在 PSS 模块化实现阶段，首先是模块的智能制造阶段，通过对物理模块和功能性服务所需要配套的物理模块进行智能化的制造，让用户可追踪和体验个人定制产品的制造过程，使用户获得制造过程的独特体验。在 PSS 的系统投递阶段，对于面向产品的 PSS，其物理投递过程主要在物理产品销售阶段与服务运维阶段，其个性化的实现主要在于模块化提供和产品服务运维阶段；对于面向功能的 PSS，其形式主要是租赁或共享物理产品，个性化实现在 PSS 的租赁或共享物理产品期间；对于面向结果的 PSS，主要是销售产品的功能结果，个性化是在产品功能结果向用户提供期间实现的。

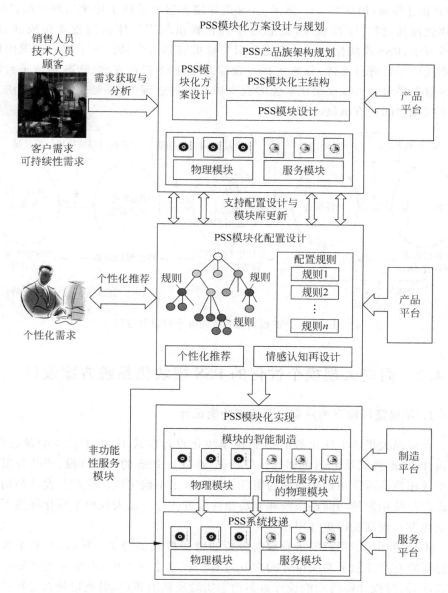

图 7-2　面向大规模个性化的 PSS 模块化过程

　　面向大规模个性化的 PSS 模块化过程建模方法主要是通过五个域的转换和四个系统或平台的支持来实现(如图 7-3 所示)。Suh 提出公理设计方法并将传统的物理产品设计设计世界分为四个域:用户域(CA)、功能域(FD)、产品域

(PD)和过程域(PD)[88,161]。然而,PSS 设计理念显著不同于传统物理产品,PSS 模块化投递过程(即投递域)是 PSS 个性化提供与服务体验的重要组成部分。在本节中,PSS 模块化过程将传统的四个域扩展到五个域。五个域的实现由四个系统或平台进行支持,分别是 PSS 设计系统、PSS 产品平台、PSS 制造平台和 PSS 服务平台。PSS 模块化系统的五个域在映射过程中,需要探索有效方法支持不同域之间的有机集成与转化。

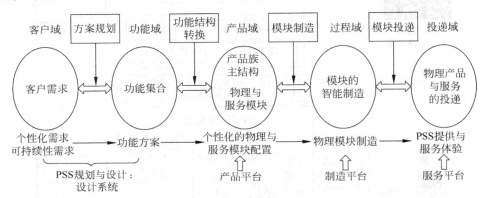

图 7-3　PSS 模块化系统的五个域映射过程

7.4.2　面向大规模个性化的 PSS 模块化系统方案设计

1. 不确定环境下用户需求获取与功能设计

在面向大规模个性化的 PSS 系统模块化设计模式下,由于服务的动态性、随机性、无形性以及 PSS 的多样性等特征,在划分 PSS 的市场区段、产品与服务变型及用户是否使用购买初期的服务等均充满了不确定性。在产品设计初期就考虑产品使用期的功能性服务和非功能性服务使得产品大规模个性化环境下的模块化方案规划变得更加困难。

不确定环境下用户需求获取与分析的情景模式如图 7-4 所示,主要是客户情感需求与产品服务系统设计的交互过程。在这个过程中,需要主动感知个性化需求,同时设计师将功能设计方案动态实时反馈给客户,以确定是否是客户的实际需求。对于用户需求相关的未知不确定性进行分析,需要找出与其相关的主要设计参数。将不确定性作为需求的一部分分类固化下来,分布于基本需求、个性化需求和生态性需求中,可以采用 Kano 模型图和 Kano 模型需求归类矩阵构建 PSS 的个性化需求层次模型,并确定个性化需求项的重要度排序[161]。根据需求分析的不同类别及需求项重要度,建立功能映射关系模型,完成功能方案规划,通过有效的方法实现合理的功能设计。Kano 的质量模型将顾客需求分为基本型需求、期望型需求和兴奋型需求。基本型需求是顾客认为在产品中应该有的功能或需求;期望型需求,市场调查中顾客所讨论的通常是期望型需求,在实际产品与服务中实现得越多,顾客就越满意;兴奋型需求是指令顾客想不到的产品特征,如果产品或服务满足了这类需求时,顾客对产品就非常满意。PSS 的四种类型产品中,纯物理产品和面向产品的 PSS 为基本型需求,面向使用的产品为期望型需求,面向结果的产品为兴奋型需求。针对每一种类型的 PSS,其模块构成中也分为基本功能需求模块、期望型需求模块和兴奋型需求模块,需要针对每一种类型进行深入分析。

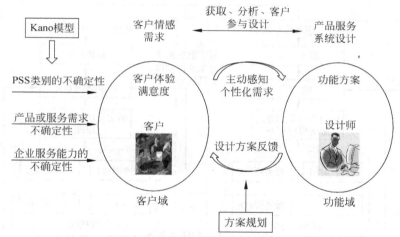

图 7-4 不确定环境下用户需求获取与分析的情景模式

2. PSS 模块划分方法

PSS 模块划分主要是完成不同类型 PSS 的模块划分,PSS 模块包括物理模块与服务模块。面向大规模个性化下的物理与服务模块划分是一个交互式设计过程,即基于客户的需求先进行服务模块划分;然后,基于划分后的服务模块划分物理模块;最后,基于划分后的物理模块进行服务模块的完善。这一过程可以看成一个基于客户需求和服务商设计需求的主从双层规划决策过程。

主从双层决策问题的思想最初是 Stackelberg 于 1952 年提出的,用于研究市场竞争机制中产量决策问题。双层规划是双层决策问题的数学模型,它是一种具有二层递阶结构的系统优化问题,上层问题和下层问题都有各自的目标函数和约束条件。上层问题的目标函数和约束条件不仅与上层决策变量有关,而且还依赖于下层问题的最优解,同时下层问题的最优解又受到上层决策变量的影响。经过前期研究分析,主层为服务模块划分层,是以用户最大个性化和服务体验的角度出发;物理模块划分层是考虑性能、质量、成本等综合因素,并基于服务商的视角进行的设计,以性价比最高和易于柔性制造为目标。它们之间是交互循环的关系,确保用户和服务商的利益均衡,具体过程如图 7-5 所示。

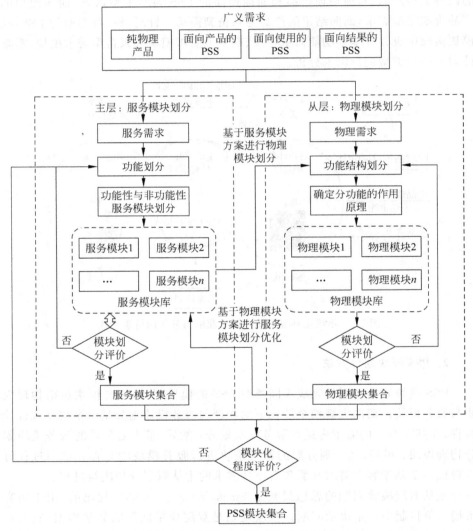

图 7-5　面向大规模个性化的 PSS 模块划分过程

在大规模个性化设计中,将设计行为纳入"社会-经济-环境-人"的系统中,旨在平衡环境、社会和经济三方面的设计实践与设计管理。在模块划分评价指标方面,采取体现生态性评价方式。基于双层规划的 PSS 模块划分过程最重要的步骤是制定合理的模块划分评价指标体系。尽管 PSS 模块划分需要考虑到生态学评价原则,但任何模块化系统所需要遵循的基本准则必须得到保证,如功能独立性原则、弱耦合原则、粒度适中原则等,而对于 PSS 系统的特色指标为面向服务的原则,即在物理模块设计过程中,要考虑服务过程的便利性,同时支持功能性服务的运行;在服务模块设计时,考虑服务过程、服务类等特殊存在形式。

7.4.3　面向大规模个性化 PSS 的模块配置优化决策

1. 多层次个性化优化决策框架

与传统的产品设计过程相比,PSS 的个性化自适应配置设计与优化决策更强调服务方案的个性化推荐、用户个性化体验与服务商模块主从决策优化和基于情感认知的个性化模块再设计。这些研究内容更能体现出面向大规模个性化的 PSS 模块化设计的特殊之处:自适应性、个性化极致体验和系统参与方的高满意度。多层次个性化自适应配置设计分为五个层次,分别为需求获取层、个性化推荐层、个性化服务方案层、模块配置提供层、情感再设计层(如图 7-6 所示)。

PSS 模块配置设计的交互式体现在个性化服务方案层和模块配置提供层之间。个性化服务方案层是用户个性化选择和设计的模块层,主要决策和设计主体是用户;主要满足用户的关注点和选择及设计需求,模块粒度较粗;零部件层是粒度较细的模块层,是制造商基于用户选择和设计后的个性化方案,在此基础上进行的模块设计优化与改进后的层次。

2. 基于协同过滤的服务方案个性化推荐方法

为了帮助客户更高校和精准进行个性化选择和推荐,PSS 制造商或服务商可以按照客户的浏览习惯、消费习惯、使用情况、需求特征等对 PSS 服务方案进行个性化推荐。互联网和电子商务的快速发展使企业能够收集到大量的用户信息,为个性化推荐提供了基础。向客户个性化推荐的内容包括不同类型 PSS 方案、不同类型 PSS 的模块化构成、可选择以及可个性化设计的模块族等。推荐算法(或推荐策略)是整个 PSS 服务方案个性化推荐系统中最核心和关键部分,在很大程度上决定了推荐系统的性能优劣。基于用户的协同推荐主要过程为:筛选出对象中的集合型指标符合用户的个性化需求的对象,将不符合用户需求

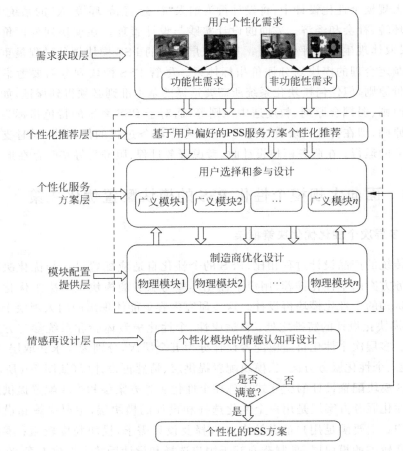

图 7-6　个性化 PSS 优化配置设计过程

偏好的对象删除掉；根据客户对感兴趣的服务方案模块进行偏好打分，得到一个评分集合；根据相关相似性算法进行相关性评价；通过上面提出的相关相似性度量方法得到目标用户的最近邻居，下一步需要产生相应的推荐；对所有未评分的推荐对象的评分；基于个性化服务方案层和模块配置提供层的联合循环优化，开展双层设计决策。常见的相似性计算方法有欧几里得距离评价和皮尔逊相关度评价等。

3．用户个性化体验与服务商模块配置优化主从决策方法

根据用户服务方案的个性化推荐结果，可以快速发现用户的偏好，个性化推荐高效地为用户提供了较好的 PSS 类别及主要物理与服务模块。然而，还需要通过交互式模块配置设计方法和面向情感认知的再设计方法对模块进行配置和个性化，以满足用户的个性化需求与服务体验。个性化服务方案层与模块配置层交互式设计过程中需要解决用户和服务商之间的交互式机制和配置优化目标函数设置等难题。

个性化服务方案层与模块配置提供层交互式设计过程是一个主从双层决策问题。个性化服务方案层是以用户最大个性化和服务体验的角度出发，用于直接参与个性化物理与服务模块的设计，以及选择模块的定制选择；模块配置提供层设计是基于个性化服务方案的配置结果，以利润率最高和易于柔性制造为目标。它们之间是交互循环的关系，确保用户和服务商的利益均衡。其中，个性化服务方案层为主层，模块配置提供层为从层。在交互式 PSS 模块配置设计过程中，配置设计的总目标是配置出用户个性化体验最大与服务商易于柔性制造且利润率最高的 PSS 实例。然而，针对不同类型的 PSS 其具体优化目标也有较大的区别，如面向产品的 PSS 配置优化目标更强调 PSS 生命周期内的可扩展性、可升级性和服务便利性；面向使用的 PSS 在配置优化时，针对不同层次的用户，会有质量和可靠性等级的差别，同时也需要考虑到使用过程中制造商提供服务的便捷性；而用户对面向结果的 PSS 功能与性能要求最高，必须要保障提供的物理产品与服务在运行过程中的故障率最低，确保用户生产及使用 PSS 时的无故障性与服务体验。因此，需要针对不同类型 PSS 设置不同的配置约束目标。

面向大规模个性化 PSS 的模块设计实际上是一个以个性化服务方案层为主，与模块配置提供层为次的主从迭代过程。图 7-7 描述了面向大规模个性化的 PSS 主从关联模块设计决策过程。基于个性化推荐的结果，首先根据客户需求进行面向服务的配置，主要有面向产品的 PSS、面向功能的 PSS 和面向结果的 PSS，以个性化体验和满意度最大化为考察标准，选择一种服务方案。在此基础上，基于已有的个性化服务方案进行模块配置提供层的配置与设计，即通过物理模块、服务模块或者集成服务的物理模块进行组合、个性化模块的设计来实现优化服务方案，确保服务商的利益。但是模块配置提供层的配置与设计结果影响了个性化服务方案的用户满意度和体验，因此个性化服务方案又需要基于模块配置提供层的结果对服务方案进行适当调整。因此，PSS 模块设计的决策过程具有以下特点：①参与个性化设计决策的主体是客户和服务商，且两者具有不同的决策目标；②客户首先基于用户体验和个性化最大化确定 PSS 服务方案，服务商基于个性化服务方案确定 PSS 的模块配置与设计方案，因此 PSS 配置设计过程是一个以客户为主者，企业为从者的决策过程；③个性化服务方案的决策结果对模块配置提供方案有影响，同样，模块配置提供方案也会影响个性化服务方案满意度的达成,这种相互耦合、相互关联使得 PSS 个性化设计是在服务方案和实现方案间反复迭代的过程。

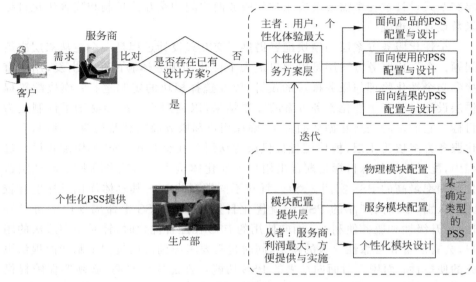

图 7-7　用户个性化体验与服务商模块配置优化主从决策过程

7.4.4　模块化服务链供应配置方法

模块化服务链供应配置是基于服务平台开展的优化设计,但服务平台中的 PSS 实例结构树来源于产品平台。PSS 实例结构树是根据用户需求,在产品平台上配置出来的客户需要的个性化产品与服务结构。因此,服务链的运行与 PSS 的产品实例结构密切相关。模块化的服务链设计有利于服务供应链的优化与创新,在共同的设计规则之下,各模块相互作用,满足用户的个性化需求与服务体验。常见的典型服务链有投递运输服务链、施工安装服务链、MRO 服务链、运行监控服务链等。对于面向使用的 PSS 和面向结果的 PSS,其服务链更侧重于服务过程体验,即以过程型服务模块为主。过程如下:

(1)分析服务链模块类别,完成模块类别划分

在模块化服务链中,首先根据用户的需求启动服务任务。然后,根据服务模块划分方法,将服务任务划分为若干子模块。针对这些子模块类别以及模块间的约束规则,从实例库中选择符合用户满意度的模块,寻找到每个子模块的实例。这些实例就形成了一系列模块化服务链方案。形成服务链方案的第一步是

对服务链配置的模块类别进行划分,可将其划分为基本模块、可选模块和个性化模块。

（2）建立服务模块选择准则

传统供应链中的模块评价准则从单一的成本准则转向服务链中以质量、服务、准时交货、柔性、信息等多准则方向发展,模块决策模型也从单一的买方库存成本模型转向双方相互协调模型,客户与模块服务商的关系由敌对状态转变为友好协作的"战略伙伴"关系。在服务供应模块选择准则中,以服务价格、服务质量、服务交货期、服务商能力、可持续性等为综合目标,针对不同类型的 PSS,这几种约束准则的权重系数不同;其中,可持续性准则体现在服务能否给客户提供附加值、模块的绿色度等方面。

（3）服务链优化配置设计

服务链优化配置设计并不是实时执行和完成的,而是一个特定的时间段内动态完成服务模块的增加或修正。服务链优化配置设计过程是基于基本模块、可选模块和个性化模块的组合优化配置。通过采取适当的优化配置方法,理清服务模块之间的关联耦合关系,针对不同的客户,快速配置出能满足用户个性化需求的服务链解决方案。

（4）个性化模块的再设计

情感认知设计是通过客户个体对生理唤起的评价和对环境感知而产生的。情感化设计的核心主要在于引发用户认知愉悦从而为用户带来积极的情绪体验。在大规模个性化 PSS 设计过程中,可通过情感认知设计对部分个性化模块进行,如物理模块的包装、外观造型、色彩、材料和肌理等,服务模块的服务过程参数,增加服务过程用户个性化需求,使得配置后的模块尽可能满足部分客户的独特需求。

7.5　总结与展望

在我国大力推进制造业服务化与智能制造的背景下,大规模个性化已成为未来一种主要制造模式。PSS 是一种向消费者提供面向生命周期的个性化"物理产品/产品服务"整体解决方案。面向大规模个性化的 PSS 模块化设计的目标是通过产品与服务内部模块的少样化组合,实现客户需求的大规模、个性化、低成本与快速提供。本章对面向大规模个性化的 PSS 模块化设计基本特征与实现模式、模块化过程模型、系统方案设计方法、模块配置优化决策和模块化服务链供应配置方法等进行了系统的归纳总结,对于持续地推进产品服务系统设计、制造业服务化和大规模个性化设计具有一定的参考价值。

　　针对 PSS 大规模个性化研究，以下几个子方向将成为研究亮点：①客户的个性化需求获取与个性化推荐技术，基于开放式的个性化配置平台，可以根据客户的浏览习惯、消费习惯、使用情况、需求特征等进行个性化 PSS 方案的快速精准推荐；②面向大规模个性化的 PSS 模块化架构研究，该架构具有可变性和自适应性特征，以支持用户的个性化需求和不同类别 PSS 的模块化实现；③PSS 的研究延伸到服务供应链集成设计过程中，PSS 的个性化提供在模块化服务链供应中得到充分发挥。

第8章 数字孪生技术在复杂广义产品设计中的应用

复杂产品设计和制造的深度信息物理融合是实现智能制造的关键。近年来,随着大数据、云计算、物联网、移动互联网等新一代信息技术在传统制造业中的快速应用,客户大规模个性化需求越来越迫切,智能制造这一生产模式的落地应用进程也不断加快[82]。在此背景下,各国出台了相应的先进制造发展战略,具有代表性的是德国"工业4.0"和美国"工业互联网"。2015年,我国国务院也正式颁布了《中国制造2025》作为中国未来十年实施制造强国的行动纲领,以及未来三十年建成引领世界制造业发展强国的基石。这些先进制造战略的核心目标之一是实现信息物理深度融合,复杂产品设计和制造信息物理融合是其中最重要的环节,也是实现客户个性化需求的关键环节[87],设计是智能制造的第一个阶段,设计和制造的信息物理融合能够为后续智能加工、装配、运维等环节提供重要支持。但是,当前复杂产品设计与制造之间存在脱节,造成设计信息可重用性低,制造数据不能有效支撑产品的优化设计,导致无法实现产品设计与制造的虚实映射、循环迭代和一体化开发。

数字孪生(digital twin,DT)是实现智能制造目标的一个重要抓手,为复杂产品设计与制造一体化开发提供了一条有效途径[60]。数字孪生这一概念在2003年被首次提出,直到2011年才引起国内外学者的高度重视,并连续在2016年、2017年和2018年被世界最权威的信息技术咨询公司Gartner列为当今顶尖战略科技发展方向。世界最大的武器生产商洛克希德·马丁公司在2017年11月将数字孪生列为未来国防和航天工业6大顶尖技术之首;2017年12月中国科协智能制造学术联合体在世界智能制造大会上将数字孪生列为世界智能制造十大科技进展之一。至今,被工业界广泛认可的数字孪生定义是由Glaessegen和Stargel在2012年给出的:"一个集成了多物理性、多尺度性、概率性的复杂产品仿真模型,能够实时反映真实产品的状态。"[258]从该定义中可以延伸出,数字孪生的目的是通过虚实交互反馈、数据融合分析、决策迭代优化等手段,为物理实体增加或扩展新的能力。作为一种充分利用模型、数据、智能并集成多学科的技术,数字孪生面向产品全生命周期过程,发挥连接物理世界和信息世界的桥梁和纽带作用,提供更加实时、高效、智能的服务。

为实现基于数字孪生的复杂产品设计与制造信息物理融合,首先要建立一个支持复杂产品结构设计、工艺设计、加工、装配和检测等不同阶段产生的异构、多态、海量数据的描述和管理的设计与制造一体化开发框架。但是,目前数字孪生的研究大多数集中在车间的生产管理和产品运维方面,例如数字孪生车间、设备寿命预测、产品状态监测与故障诊断、预测性维护等[259,260],基于数字孪生来进行复杂产品设计与制造一体化集成的研究相对较少。复杂产品的设计除遵循需求获取、概念设计、详细设计、仿真验证等一般过程外,更需要考虑加工、装配和检测等制造信息,具有交叉学科多、个性化定制显著、求解和配置过程复杂等特点[79,261]。经典的复杂产品设计理论包括系统化设计(systematic design,SD)、发明问题解决理论(teoriya resheniya izobretatelskikh zadatch,TRIZ)、公理化设计(axiomatic design,AD)、质量功能展开(quality function deployment,QFD)等。其中,SD涵盖了从机会识别、产品规划、概念测试直至产品原型化等主要阶段,强调设计过程的可操作性[262];TRIZ理论成功地揭示了创造发明的内在规律和原理,更加关注技术的发展演化规律,以此构建整个设计与开发过程[263];AD则将设计信息组织到作用户域、功能域、物理域和过程域,把设计过程看作这四个设计域之间的"之"字映射,并使用独立公理和信息公理将设计问题科学化[264];QFD的设计过程是由用户驱动的,通过"做什么"和"如何做"把用户需求、偏好和期望设计到产品生命周期过程,是系统工程在产品设计的具体应用[265]。

但是,这些经典的设计理论并不能完全满足智能制造背景下复杂产品的设计制造一体化开发要求。主要存在的问题有:

(1)设计并不能有效地支持产品加工和装配。经典的设计理论虽然体现了并行设计与闭环设计的理念,但是最终的交付物只是物理产品及部分装配信息,并没有强调通过产品虚拟模型来驱动物理产品的加工、装配和检测等实际制造过程执行,没有预测制造过程中可能出现的故障从而为制造阶段提供更好的服务。目前理想化的产品定义并不能真实反映复杂产品实际的加工、装配、检验等状态变化。例如,理想设计定义了产品自上而下的功能分解结构和自底向上的装配结构,但是没有描述动态的装配过程,以及记录不同装配阶段零部件的实际状态,所以很难有效地指导实际制造过程。

(2)产品实际制造数据的实时动态回馈能力不足。车间数字孪生系统产生大量的加工和装配等数据,目前这些实时制造数据难以动态反馈到产品设计模型中。虽然理论上产品生命周期管理系统能够覆盖复杂产品设计和制造的数据,但实际上产品生命周期管理系统的作用到制造后期就很小了,产品设计数据难以随着真实加工、装配和检测等真实制造状态实时更新,大量在实际加工、装配和检测过程中发生的工程变更无法及时反馈给设计师,导致产品设计缺陷在生产的后期,甚至在用户使用过程中才被发现,延长了复杂产品开发周期。所以,产品制造数据实时动态反馈回设计阶段的能力亟须提高。

(3) 产品信息建模方法有待完善。数字孪生理论强调对产品真实状态的描述,传统的产品数据管理系统(product data management,PDM)虽然能够记录、共享、管理设计图纸、模型和文档,但建立的是静态、理想化的产品信息模型,与每个产品的实际的加工、装配和检测等动态实例数据存在偏差。如何建立基于数字孪生的产品信息模型、准确描述并管理每个实例产品的真实制造数据、与设计出的理想化的产品信息模型有机融合是亟待解决的问题。

数字孪生理论的出现为复杂产品设计制造一体化提供了有效途径,因为数字孪生的核心就是建立虚拟世界与真实世界的"桥梁",保证理想虚拟产品设计和真实物理产品制造之间的同步。与传统的复杂产品设计方法有较大不同的是,如何利用高保真建模、高实时交互反馈、高可靠分析预测等数字化手段对复杂产品的理想设计信息与实际加工、装配和检测等真实制造信息进行一致表达,使得产品设计能够有效支持加工和装配、产品设计制造数据能够实时动态反馈回设计、建立精确反映产品制造状态的信息模型是基于数字孪生的复杂产品设计制造一体化开发要解决的核心问题,也是本章的研究重点。

总之,本章在分析国内外研究现状后,提出基于数字孪生的复杂产品环形设计框架;基于所提出的框架,从需求分析、概念设计、个性化配置设计、虚拟样机、多学科融合设计、产品数据管理等角度,探索了基于数字孪生的复杂产品设计制造一体化开发中的关键技术,为未来开展数字孪生的进一步落地应用提供理论和方法参考。

8.1　基于数字孪生的产品设计方法研究进展

8.1.1　基于数字孪生的产品设计方法

当前时代是数据的时代,数字孪生技术的提出为复杂产品数字化设计提供了新的方向。数字孪生衍生于产品全生命周期管理,最初被定义为"与物理产品等价的虚拟数字化表达"[267]。数字孪生技术可有效实现产品全生命周期中多源异构动态数据的融合与管理,实现产品研发生产中各种活动的优化与决策。庄存波等[87]对数字孪生技术在产品设计阶段的实施可能性进行了分析,认为首先要有一种自然、准确、高效,能够支持产品设计各阶段的数据定义和传递的数字化表达方法,而基于模型的产品定义(model-based definition,MBD)技术的出现和成熟为此提供了可能;其次高精度三维建模技术、准确实时的多学科协同仿真技术及模型轻量化技术可有效支持复杂产品设计阶段的仿真验证与设计迭代决策。陶飞等对数字孪生设计框架进行了初探,包括任务规划与识别、概念设计、具体化设计、详细设计及虚拟验证等阶段[268]。Victor 等给出了工程设计中数字总线的数学定义,用于进行设计决策[269]。Moneer 等提出了基于标准建模规范的数字总线,用于连接基于数字孪生的设计与制造[270]。

8.1.2 复杂产品多学科优化

复杂产品通常是由多个子功能系统构成,其研发通常需要多个学科协同合作才能完成,合理协调多学科之间的耦合关系已成为产品研发的关键环节。在上述背景下,1982 年,NASA 高级研究员 Sobieski 首次提出了多学科设计优化(multidisciplinary design optimization,MDO)的概念[271]。1991,美国航空航天学会发表了 MDO 现状的白皮书,说明了 MDO 的必要性和迫切性,标志着MDO 作为一个新的研究领域正式诞生[272]。1994,NASA 对九个主要航空航天领域的工业公司做了关于 MDO 必要性的调查,结果表明航空航天工业界对MDO 的研究和应用有着广泛的兴趣[273]。经过近 30 年的发展,当今 MDO 的理论与方法已经逐渐成熟,其内容主要包括了复杂系统的分析与建模、近似方法、灵敏度分析法、优化方法、求解策略以及软件实现[274]。这些研究内容相互融合、相互支撑形成了 MDO 研究的整体框架。

国内学者也对 MDO 进行了深入研究。潘尚能等通过对涡轮多学科优化的分析,提出了基于叶栅特征参数和贝塞尔函数的二维叶栅参数化造型方法[275];孙亚东等提出了基于本体元模型的数字化样机构建方法,用于实现复杂产品研发过程中不同学科的信息共享,消除系统集成、协同仿真和系统优化的障碍[276];刘成武等集成了近似灵敏度技术与功能测度法和两级集成系统综合策略,提出了一种能同时处理随机和区间不确定性的序列化多学科可靠性设计优化方法[277];俞必强等提出了基于随机搜索法的多学科设计优化策略,来解决多学科各子系统间的耦合问题[278]。但总体来说,国内关于 MDO 的理论研究和工程应用比较零散,尚未形成系统化的理论。

目前,多学科设计优化研究集中在概念设计、总体设计阶段的多学科耦合分析和多学科设计协调,以避免复杂产品研发过程中设计冲突引起的大面积的设计迭代和设计返工。

8.1.3　虚拟样机技术

20 世纪 90 年代,工程设计领域已经开始学习和应用虚拟样机技术,目前被广泛接受的虚拟样机定义是美国国防部仿真办公室给出的:"虚拟样机是一个与物理原型具有功能相似性的系统或者子系统进行的基于计算机的仿真;通过使用虚拟样机代替物理样机,对候选设计方案的某一方面特性进行仿真测试和评估的过程。"21 世纪以来,随着计算机技术、信息技术等的迅猛发展,数字化制造越加成熟,国内外对虚拟样机的研究和应用也更加广泛。

在国外,Aromaa 等将虚拟样机技术定义为包括了虚拟现实和其他计算机技术的建立数字样机的相对较新的技术[279];Li 等将虚拟样机定义为通过软件技术对整个研发周期中研发人员、设计产品以及人员产品交互的仿真过程[280];Johnston 等认为的虚拟样机就是通过计算机技术构建的替代物理样机的模型,它包括了各种几何仿真以及人参与和不参与的功能仿真[281]。在国内,熊光楞等认为虚拟样机技术是基于计算机、网络技术的新的设计理念,它不单是先进的设计技术,同时也是先进的管理技术[282]。范文慧等认为虚拟样机技术是 CAX(computer aided X)和 DFX(design for X)技术的发展和延伸,进一步融合先进建模/仿真技术、现代信息技术、先进设计制造技术和现代管理技术[283]。李伯虎等提出面向新型人工智能系统的建模与仿真技术的含义,探讨了新型人工智能系统仿真对虚拟样机技术的新挑战[284]。

与虚拟样机技术相似的是数字样机,但它们侧重点不同。虚拟样机强调对产品的"可视化建模"和"虚拟仿真";数字样机更强调对产品进行数字化定义,以及面向多阶段和多学科领域的统一模型,例如空客公司分别提出了的可配置的数字样机[285]、功能化数字样机[286]、面向工厂的数字样机[287]。数字样机的定义更加宽泛,不仅包含产品结构、力学、工艺等机械相关领域定义,同时扩展到对电、热、控制等多个学科领域的描述,所以数字样机将复杂产品数字模型的定义变得更为完善。

根据分析与比较,总结出虚拟样机的特点:①具有与物理样机相同或相似的性质,可以代替物理样机进行测试和评价产品的几何外形、产品性能、可加工性、可装配性和可操作性等,有利于"协同设计";②具有真实"沉浸感",跟物理系统相似,在于外界交互时具有视觉和听觉等真实感受,有利于学习、测试和培训;③可用于系统全生命周期的研发,在产品的需求分析、方案设计、详细设计、工程设计阶段以及产品的测试、运行、维护阶段对虚拟样机有着不同的要求。所以,虚拟样机有利于实现"并行工程"。

但是,虚拟样机目前还没有一个公认的、完整的理论和技术组成框架。在智能制造背景下,以虚拟样机为基础的复杂产品设计仍然存在一些问题[288]:①虚拟样机技术强调在虚拟世界中定义理想化的产品,然而这种"理想化"并不能真实反映产品实际的运行状态,例如在实际飞行过程中,飞机的重量会随着油耗而下降,其性能与理想状态下的仿真数据有偏差;②虚拟样机虽然能够描述产品静态的设计、制造、运行等信息,但是缺乏对动态过程信息的表达,例如,虚拟样机定义了产品自上而下的功能分解结构和自底向上的装配结构,但是没有描述动态的装配过程,以及记录不同装配阶段的产品状态。这些不足是虚拟样机固有的理想化特性所决定的。

8.2 基于数字孪生的复杂产品设计制造一体化开发内涵

传统的设计方法经过虚拟样机验证、设计模型和文档交至制造部门后,一个设计过程就完成了,面向制造的设计、面向装配的设计、面向维护维修的设计等都是在设计阶段完成的。基于数字孪生的复杂产品设计与传统设计方法有较大不同,这需要从数字孪生的概念进行分析。

最早定义"digital twin"的美国密歇根大学的 Michael Grives 教授认为数字孪生是在设计与执行之间形成紧密的闭环[15]。空中客车公司提出了工业数字样机 iDMU(industrial digital mock-up)的概念,指出 iDMU 是产品虚拟制造的完整定义与验证,它包含可交互的产品设计、工艺设计与制造资源的数据[37,38]。基于上述两个概念的分析,本节提出基于数字孪生的产品设计是在设计与制造阶段形成紧密闭环,并可向用户交付产品和实际设计制造数据的一种设计与制造一体化的方法。图 8-1 给出了基于数字孪生的复杂产品设计制造一体化开发过程,该过程从分析用户需求,到面向功能/性能的产品设计;同时,还需要将设计模型、文档等传递到制造阶段,经过加工装配后,形成实例产品实际尺寸、装配参数和次品信息等反馈回设计阶段,可交付给客户实例产品及其唯一的产品设计参数和模型等,形成用户需求的大规模个性化提供。

面向数字孪生的产品设计方法在设计关注点、设计过程、设计与制造跨阶段提交物、设计周期和交付用户资料等都与传统设计方法存在不同之处,如表 8-1 所示。

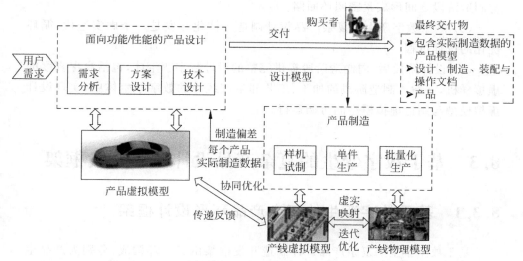

图 8-1　基于数字孪生的复杂产品设计制造一体化开发过程

表 8-1　基于数字孪生的复杂产品设计方法与传统设计方法的关系

主要设计方法	设计关注点	设计过程	设计与制造跨阶段提交物	设 计 周 期	交付用户资料
传统设计方法学	功能/性能	产品设计阶段串行迭代优化	设计向制造提供图纸和轻量化三维模型	用户需求、方案设计、技术设计等阶段串行或并行设计	产品主要设计参数,安装与操作手册
基于数字孪生的复杂产品设计方法	客户需求	虚实迭代,循环迭代	提供完整的设计数字孪生体,并融入制造数字孪生体中	在传统设计阶段基础上,扩展到样机试制和产品制造阶段;设计与制造之间形成紧密的闭环,形成设计制造的一体化协同	单件实例化的交付物:产品设计、工艺设计、制造参数的数据,操作手册等

　　基于以上分析比较,基于数字孪生的复杂产品设计制造一体化开发内涵可以归结以下几点:

　　(1) 基于数字孪生的复杂产品设计制造一体化开发是一种面向客户大规模个性化需求的设计方法,可以实现向用户提交独一无二的单件实例产品。实例产品包括实例产品、虚拟样机、工艺信息、实例产品的实际制造参数、操作手册等。

　　(2) 产品加工装配完成后,实际制造数据返回设计数字孪生体中后,才完成了基于数字孪生的复杂产品设计。它实现了设计与制造的一体化协同,在设计与制造阶段之间形成紧密闭环回路。

（3）基于数字孪生的复杂产品设计制造一体化开发是一个虚实迭代、循环优化的设计过程。

（4）设计阶段后，向制造阶段提供完整的设计数字孪生体，包括高保真度的虚拟样机，并融入制造阶段的加工、工艺和生产线等的数字孪生体中，实现设计虚拟模型与制造虚拟模型的协调运行。

8.3　基于数字孪生的复杂产品设计制造开发框架

8.3.1　基于数字孪生的复杂产品环形设计框架

基于数字孪生的复杂产品设计制造开发框架由三个环构成，分别为产品生命周期环、数字孪生体环和设计方法环，如图 8-2 所示。产品生命周期环包括用户需求、方案设计、技术设计、样机试制、产品制造、产品运维和产品退役等阶段；数字孪生体环包括用户需求数字孪生体、设计数字孪生体、车间全要素数字孪生体和运维数字孪生体等孪生体。设计方法环包括面向功能/性能的设计、面向制造的设计和面向服务的设计等方法。在基于数字孪生的复杂产品三环设计框架中，产品生命周期环为物理环，数字孪生体环为虚拟环，它们在产品生命周期各个阶段形成虚实交互迭代优化；设计方法环为核心环，支撑数字孪生体环的实现和产品生命周期环的运行。因此，三环之间互为映射和协同运行，支撑基于数字孪生的产品设计、制造与运行。

1. 产品生命周期环

产品生命周期环是传统的设计环路，包括用户需求、方案设计、技术设计、样机试制、产品制造、产品运维和产品退役。产品生命周期环与设计方法环的关系如图 8-3 所示，产品生命周期中的用户需求、方案设计和技术设计等阶段基本上确定了产品的功能和性能；面向制造的产品优化设计主要在生命周期的样机试制和生产制造等阶段完成，向设计工程师提供几何尺寸合理性、模块间干涉、装配关系及过程、制造偏差、单件产品实际加工几何数据等，以提升产品功能和性能，同时提供单件产品实际制造尺寸。产品运维阶段是面向服务的优化设计，支撑对复杂产品运行状态、故障和性能的判别或预测，可支持对下一代或下一批次产品的优化设计。

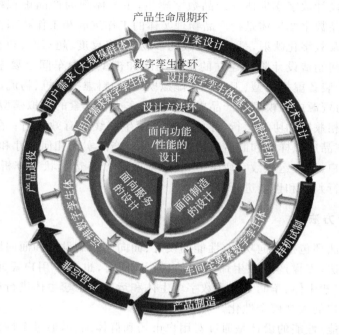

图 8-2　基于数字孪生的复杂产品三环设计框架

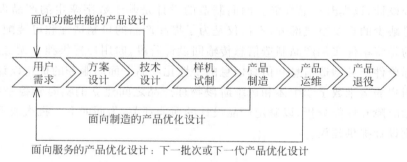

图 8-3　产品生命周期环与设计方法环的关系

2．数字孪生体环

数字孪生体是指与现实世界中的物理实体完全对应和一致的虚拟模型，可实时模拟自身在现实环境中的行为和性能，也称为数字孪生模型[87]。数字孪生体环为虚拟环，与产品生命周期环相对于和映射。数字孪生体在用户需求阶段建立的虚拟空间和模型称为需求数字孪生体；在产品设计阶段建立的虚拟空间和模型称为设计数字孪生体或产品数字孪生,主要体现为产品虚拟样机;庄存波等提出产品数字孪生体是指产品物理实体的工作进展和工作状态在虚拟空间的全要重建及数字化映射,是一个集成的多物理、多尺度、超写实、动态概率仿真模型。在车间制造设计阶段建立的虚拟空间和模型称为车间全要素数字孪生体,包括生产装备虚拟模型、工艺装备虚拟模型、物料虚拟样机、物流运输系统虚拟模型、人力资源虚拟模型和产品虚拟样机等车间全要素的虚拟模型,这些虚拟样机需要互相兼容和协调运行,才能支撑车间生产线的有效运行;在产品运维服务阶段,产品虚拟样机和制造阶段产生的单个产品实例几何尺寸和制造参数,共同提交用户,形成运维数字孪生体,支撑对复杂产品运行状态分析与判断,对产品故障进行判别和性能进行预测。

3. 设计方法环

设计方法环包括面向功能/性能的设计、面向制造的设计和面向服务的设计等一系列方法,支撑产品在生命周期的运行;同时,也基于用户需求数字孪生体、设计数字孪生体、车间全要素数字孪生体和运维数字孪生体进行产品优化设计和满足用户的大规模个性化。

面向功能/性能的设计是通过对用户市场和群体细分,通过个性化推荐等方法获取用户个性化需求,进行个性化的产品性能和功能配置设计,同时进行多学科融合设计,以提升产品性能。面向制造的设计是基于数字孪生的产品设计过程不可缺少的重要组成部分,不仅仅是为了提高产品的可制造性和可装配性,更重要的是将单件实例产品制造信息传输回设计阶段,向用户提供独一无二的、具有实际单件产品制造信息和仿真信息的个性化产品。面向服务的优化设计主要基于用户的运维数字孪生体和运维阶段物理产品之间建立的实时管控系统,进行产品故障和性能分析,以确定产品设计的薄弱环节,为面向下一批次或下一代的优化设计提供建议。

8.3.2 基于数字孪生的复杂产品设计与制造协同开发框架

基于数字孪生的复杂产品环形设计框架中,虚拟世界的设计过程和物理世界的制造过程通过产品设计数字孪生体进行交互,为此构建了基于数字孪生的复杂产品设计与制造协同开发框架,如图 8-4 所示。

在图 8-4 中,整个设计与制造融合过程遵循基于模型的系统工程(model-based system engineering,MBSE)经典的"V"字形模型,左边是自上而下的虚拟

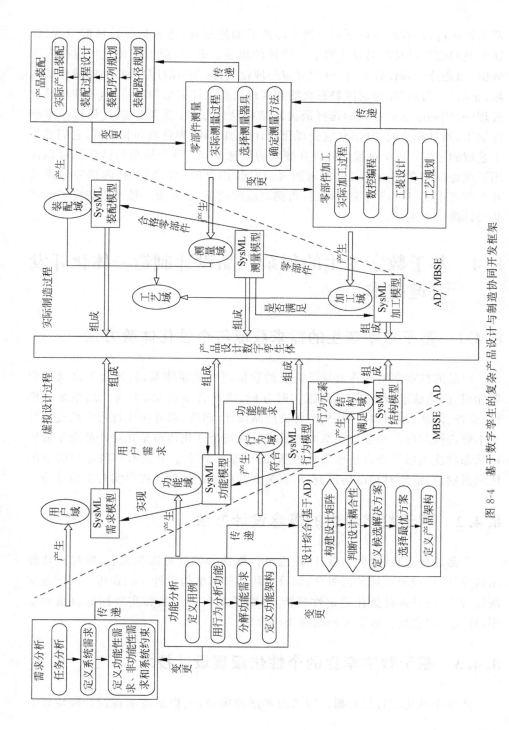

图 8-4　基于数字孪生的复杂广义产品设计与制造协同开发框架

199

产品设计过程,右边是自下而上的实际产品制造过程,还包括设计域的生成、设计模型的建立以及产品设计数字孪生体的组成。其中,虚拟设计过程包括需求分析、功能分析和设计综合,分别对应公理化设计(AD)的用户域、功能域和结构域,新的"行为域"作为连接静态功能和实现功能的详细结构的桥梁,并使用独立公理(independence axiom)选择最优的结构设计方案;实际制造过程包括零部件加工、测量和装配,分别对应公理化设计的加工域、测量域和装配域,它们都是工艺域的子集;每个过程之间存在频繁的信息交互;每个活动的信息都可以使用系统建模语言(SysML)的需求图、活动图、用例图、块定义图、内部模块图或者参数图中的一种进行统一描述,得到对应的模型,这些统一模型组成完整的产品设计数字孪生体。

8.4 基于数字孪生的复杂产品设计制造一体化开发关键技术

8.4.1 基于数字孪生的需求获取与个性化体验方法

产品的数字孪生本质上是系统级的数据闭环赋能体系,通过全生命周期数据标识、产品状态精准感知、数据实时分析、模型科学决策,实现产品系统的模拟、监控、诊断、预测和控制,从而解决产品设计、制造、服务闭环过程中的复杂性和不确定性问题。基于数字孪生的需求获取与个性化体验是在对产品全生命周期状态和使用场景进行精准刻画的基础上,基于数字孪生技术实现客户需求的快速识别、功能映射和市场预测,从而为个性化的产品设计提供实时决策支持。

8.4.2 基于数字孪生的概念设计方法

产品的概念设计(创新设计)流程可以概括为设计意图生成、方案原理功能结构设计、寻找原理解最优组合,以及模块划分与结构设计。但在传统的问题解决流程中,设计人员更注重定性分析,忽略了对实例产品真实数据的收集和运用,这在一定程度上限制了问题解决的效率。

8.4.3 基于数字孪生的个性化配置设计技术

产品个性化配置是根据预定义的零部件集合,或根据需求新设计模块以及它们之间的相互约束关系,通过合理可行的组合或创新设计,来满足客户个性化需求的一种设计方法。

8.4.4　基于数字孪生的虚拟样机技术

虚拟样机是能够反映物理样机真实性的数字模型,工程师可以通过虚拟样机描述产品的几何、功能和性能等信息,在实际物理产品生产之前就可以对产品进行数字化定义。基于数字孪生的虚拟样机以三维 CAD 模型为核心,在综合考虑机械、电子、控制等多学科知识,并集成产品的技术数据和管理数据的基础上,能够实时映射物理世界中产品实际加工、装配、运行、维护等真实状态,从而为复杂产品的设计与制造一体化开发提供虚拟平台。

8.4.5　基于数字孪生的多学科融合设计技术

产品多学科协同设计建模是对复杂产品多学科、多领域系统(对象、方法及技术)的本质特征和相互关系的完整描述,通过对模型的模拟仿真实验和多学科设计优化,从而缩短设计周期、降低项目管理的复杂性。基于数字孪生的产品多学科协同设计建模是基于系统工程理论和方法,在对产品的机械、电气、自控、液压、气动等系统全要素、超写真设计建模的基础上,把对模型仿真优化和管理扩展到生产制造、工程调试、运行维护等阶段,实现产品信息模型与物理实体全生命周期的数据和服务深度融合,从而为设计者和使用者提供设计优化决策和主动服务支持。

基于数字孪生的产品多学科协同设计建模与虚拟工程具有以下优势:①产品的多学科多领域设计仿真在同一平台上进行,有效降低了协同难度和管理复杂性;②产品多学科设计仿真向虚拟调试、生产制造、运行服务扩展,提高了实体开发进度和运行服务质量;③产品全生命周期统一的数据管理平台,有利于多版本管理、模型重用、知识共享和产品创新。

8.4.6　数字孪生体的数据建模与管理技术

产品数据建模方法是设计阶段产品数据管理系统(PDM)的技术核心,有效合理的数据模型是实现产品在生命周期各阶段有效管理的关键。数字孪生体的数据管理包括需求数字孪生体、设计数字孪生体、车间全要素数字孪生体和运维数字孪生体等的管理。传统的产品数据模型仅支持对物理产品的设计、工艺等的图纸、模型和文档的管理,而基于数字孪生的设计过程,将传统设计扩展到面向功能/性能的设计、面向制造的设计和面向服务的设计等产品全生命周期的一体化协同设计。

数字孪生体的数据建模与管理具有以下优势:①建立需求数字孪生体、设计数字孪生体、车间全要素数字孪生体和运维数字孪生体等的统一数据模型,支持不同类型数字孪生体的管理;②支持数字孪生体的建立、完善、复制和演化等生命周期管理;③基于数字孪生体进行产品快速设计、车间快速定制设计、产品个性化配置和产品运行维护。

参 考 文 献

[1] 祁国宁.制造服务的背景、内涵和技术体系[R]//2008 制造业信息化科技工程——现代制造服务业专题工作研讨会大会报告.上海：科技部高新司、上海市科学技术委员会,2008.

[2] 约瑟夫 B.派恩,詹姆斯 H.吉尔.体验经济[M].夏业良,鲁炜,译.北京：机械工业出版社,2002.

[3] 孙林岩,李刚,江志斌,等.21 世纪的先进制造模式——服务型制造[J].中国机械工程,2007,18(19)：2307-2312.

[4] 黄志明,邵鲁宁.生产性服务产业化模型[J].同济大学学报(自然科学版),2009,37(11)：1560-1561.

[5] 李浩,纪杨建,祁国宁,等.制造与服务融合的内涵、理论与关键技术体系[J].计算机集成制造系统,2010,16(11)：2521-2529.

[6] 李浩,顾新建,祁国宁,等.现代制造服务业的发展模式及中国的发展策略[J].中国机械工程,2012,23(7)：798-809.

[7] 孙林岩.服务型制造理论与实践[M].北京：清华大学出版社,2009.

[8] 李浩,纪杨建,祁国宁,等.面向全生命周期的复杂装备 MRO 集成模型研究[J].计算机集成制造系统,2010,16(10)：2064-2072.

[9] Li H,Ji Y J,Gu X J,et al. Module partition process model and method of integrated service product[J]. Computers in Industry,2012,63(4)：298-308.

[10] 祁国宁.四大压力催生制造服务[J].中国制造业信息化(应用版),2009(1)：14-15.

[11] 高运胜.上海生产性服务业集聚区发展模式研究[M].北京：对外经济贸易大学出版社,2009.

[12] Fritz M. The production and distribution of knowledge in the United States[M]. Princeton：Princeton University Press,1962.

[13] Greenfield H I. Manpower and the growth of producer services[M]. New York：Columbia University Press,1966.

[14] Browning H C,Singelman J. The emergence of a service society：demographic and socuaologucal aspect of the sectoral transformation in the labor of the USA national technical information service[M]. Massachusetts：Incorporated Springfield,1975.

[15] Grubel H G,Michael A W. Service industry growth：cause and effects[R]. Fraser Institute,Vancouver,1989.

[16] Coffey W J. The geographies of producer services[J]. Urban Geography,2000,21(2)：170-183.

[17] Park S H,Chan K S. A cross country input output analysis of intersectional relationship between manufacturing and service and their imployment implications[J]. World

Development,1989,17(2)：199-212.

[18] Shops S M. Explanations for the growth of services[M]. CA：Sage Publication,1994.

[19] Lundvall B A. The globalizing leaning economy：implication for innovation policy TESER porgrammer report[R]. Brussels：DG Comission of the European Union,1998.

[20] Li H,Qi G N,Ji Y J,et al. Service oriented product modular design method and its prospect[J]. China Mechanical Engineering,2013,24(12)：1687-1695.

[21] Goedkoop M,Haler C V,Teriele H,et al. Product-service systems,ecological and economic basics[R]. Amsterdam：Dutch Ministries of Environment and Economic Affairs,1999.

[22] Roy R. Sustainable product-service systems[J]. Futures,2000,32(3-4)：289-299.

[23] 张旭梅,郭佳荣,张乐乐,等. 现代制造服务的内涵及其运营模式研究[J]. 科技管理研究,2009,27(6)：227-229.

[24] 李刚,孙林岩,李健. 服务型制造的起源、概念和价值创造机理[J]. 科技进步与对策,2009,26(13)：68-72.

[25] 谢鹏寿,曹洁,张秋余. 现代制造服务业发展的基本对策[J]. 机械制造,2009,47(538)：1-4.

[26] 顾新建,张栋,纪杨建,等. 制造业服务化和信息化融合技术[J]. 2010,16(11)：2530-253.

[27] 李伯虎,张霖,王时龙,等. 云制造——面向服务的网络化制造新模式[J]. 计算机集成制造系统,2010,16(1)：1-16.

[28] 张霖,罗永亮,陶飞,等. 制造云构建关键技术研究[J]. 计算机集成制造系统,2010,16(11)：2510-2519.

[29] 陶飞,张霖,郭华,等. 云制造特征及云服务组合关键问题研究[J]. 计算机集成制造系统,2011,17(3)：477-485.

[30] 张卫. 基于 XaaS 的制造服务链形成与应用研究[D]. 杭州：浙江大学,2011.

[31] 王国彪,江平宇. 产品服务系统前沿中青年高层论坛[R]. 西安：西安交通大学,2008.

[32] 徐滨士. 绿色再制造工程及其在我国的应用前景[R]. 北京：中国工程院,2002.

[33] 徐滨士. 工程机械再制造及其关键技术[J]. 工程机械,2009,40(8)：1-5.

[34] Mont O. Clarifying the concept of product service systems[J]. Journal of Cleaner Production,2002,10(3)：237-245.

[35] Manzini E,Vezolli C. A strategic design approach to develop sustainable product service systems：examples taken from the environmentally friendly innovation Italian prize[J]. Journal of Cleaner Production,2003,11(8)：851-857.

[36] Brandstotter M,Haber M,Knoth R,et al. IT on demand towards an environmental conscious service system for Vienna[C]//Proceedings of third international symposium on environmentally conscious design and inverse manufacturing. Los Alamitos：IEEE Computer Society Press,2003.

[37] Wong M. Implementation of innovative product service-systems in the consumer goods industry[D]. Cambridge：Department of Manufacturing and Management Division,

Cambridge University,2004.

[38] Yang X Y,Moore P,Pu J S,et al. A practical methodology for realizing product service systems for consumer products[J]. Computers & Industrial Engineering,2009,56(1), 224-235.

[39] Tukker A,Tischner U. Product services as a research field: past,present and future. Reflections from a decade of research[J]. Journal of Cleaner Production,2006,17(14): 1552-1556.

[40] Aurich J C,Schweitzer E,Fucs C. Advances in life cycle engineering for sustainable manufacturing businesses[C]//Proceedings of the 14th CIRP Conference on Life Cycle Engineering. Berlin: Springer,2007.

[41] Meier H,Roy R,Seliger G. Industrial product-service systems-IPS2[J]. CIRP Annals-Manufacturing Technology,2010,59(2): 607-627.

[42] Sundin E,Lindahl M,Öhrwall Rönnbäck A,et al. Integrated product and service engineering methodology [C]//Proceedings of 11th International Conference of Sustainable Innovation. Chicago: [s. n.],2006.

[43] Lindahl M,Sundin E,Shimomura Y,et al. An interactive design model for service engineering of functional sales offers[C]//Proceedings of the International Design Conference. Dubrovnik: Croatia,2006.

[44] Sundin E,Lindahl M,Comstock M,et al. Integrated product and service engineering enabling mass customization[C]//Proceedings of 19th International Conference on Production Research. Santiago: [s. n.],2007.

[45] Aurich J,Fuchs C,Barbian P. An approach to the design of technical product service systems[J]. Industry Management,2004,20(5): 13-16.

[46] Aurich J C,Fuchs C. An approach to life cycle oriented technical service design[J]. CIRP Annals,2004,53(1): 151-154.

[47] Aurich J C,Fuchs C,Wagenknecht C. Modular design of technical product-service systems[M]. Berlin: Springer-Verlag,2006.

[48] Aurich J C,Fuchs C,Wagenknecht C. Life cycle oriented design of technical product service systems[J]. Journal of Cleaner Production,2006,14(17): 1480-1494.

[49] Aurich J C,Wolf N,Siener M,et al. Configuration of product service systems[J]. Journal of Manufacturing Technology Management,2009,20(5): 591-605.

[50] 顾新建,李晓,祁国宁,等. 产品服务系统理论和关键技术探讨[J]. 浙江大学学报（工学版）,2009,43(12): 2237-2243.

[51] Wang P P,Ming X G,Li D,et al. Modular development of product service systems[J]. Concurrent Engineering,2011,19(1): 85-96.

[52] 朱琦琦,江平宇,张朋,等. 数控加工设备的产品服务系统配置与运行体系结构研究 [J]. 计算机集成制造系统,2009,15(6): 1140-1148.

[53] 张在房,褚学宁,高健鹰. 基于通用物料清单的完整产品总体设计方案配置研究[J]. 计算机集成制造系统,2009,15(3): 417-424.

[54] 张在房，褚学宁．面向生命周期的完整产品总体设计方案决策研究[J]．计算机集成制造系统，2009，15(5)：833-841．

[55] 张在房．顾客需求驱动的产品服务系统方案设计技术研究[D]．上海：上海交通大学，2011．

[56] 董明，苏立悦．大规模定制下基于本体的产品服务系统配置[J]．计算机集成制造系统，2011，17(3)：653-661．

[57] Shimomura Y，Hara T. Method for supporting conflict resolution for efficient PSS development[J]. CIRP Annals-Manufacturing Technology，2010，59(1)：191-194．

[58] Garetti M，Rosa P，Terzi S. Life cycle simulation for the design of product-service systems[J]. Computers in Industry，2012，63(4)：361-369．

[59] Baxter D，Roy R，Doultsinou A，et al. A knowledge management framework to support product-service systems design [J]. International Journal of Computer Integrated Manufacturing，2009，22(12)：1073-1088．

[60] Zhang D M，Hu D C，Xu Y C，et al. A framework for design knowledge management and reuse for product-service systems in construction machinery industry[J]. Computers in Industry，2012，63(4)：328-337．

[61] Methodology for PSS[EB/OL]. [2009-06-18]http://www. mepss. nl/．

[62] Sun H B，Wang Z，Zhang Y F，et al. Evaluation method of product-service performance [J]. International Journal of Computer Integrated Manufacturing，2012，20(5)：150-157．

[63] Yoon B，Kim S，Rhee J. An evaluation method for designing a new product-service system[J]. Expert Systems with Applications，2012，39(3)：3100-3108．

[64] Luiten H，Knot M，Horst T V D. Sustainable product service-systems：the Kathalys method[C]//Proceedings of the Second International Symposium on Environmentally conscious design and inverse manufacturing. [s. l.]：[s. n.]，2001．

[65] Brezet H，Bijma A S，Ehrenfeld J，et al. The design of eco-efficent services：methods，tools and review of the case study based "Designing Ecoeffient Services" project[R]. [s. l.]：Report for Dutch Ministries of Environment(VROM)，2001．

[66] Maxwell I，Vorst R V D. Developing sustainable products and services[J]. Journal of Cleaner Production，2003，11(8)，883-895．

[67] Van Halen C，Vezzoli C，Wimmer R. Methodology for product service system，how to develop clean，clever and competitive strategies in companies[R]. Van Gorcum：Assen，2005．

[68] Geum Y J，Park Y. Designing the sustainable product-service integration：a product-service blue print approach[J]. Journal of Cleaner Production，2011，19(5)：1601-1614．

[69] 葛骅，褚学宁，张在房．产品/维修服务集成设计模型[J]．计算机集成制造系统，2009，15(7)：1262-1269．

[70] 姜杰，李彦，熊艳，等．基于 TRIZ 理想解和功能激励的产品服务系统创新设计[J]．计算机集成制造系统，2013，19(2)：225-234．

[71] Chen D，Chu X，Li Y. Applying Platform Design to Improve Product-Service Systems

Collaborative Development[M]. Berlin：Springer,2014.

[72] Alfian G，Rhee J，Yoon B. A simulation tool for prioritizing product-service system (PSS)models in a carsharing service[J]. Computers & Industrial Engineering,2014, 70(4)：59-73.

[73] Li Z，George Q H，Fang J，et al. Ontology-based dynamic alliance services(ODAS)in production service system[J]. International Journal of Computer Integrated Manufacturing, 2014,27(2)：148-164.

[74] Kreye M，Newnes L，YeeMey G. Uncertainty in competitive bidding-a framework for product-service systems[J]. Production Planning and Control,2014,25(6)：462-477.

[75] 李浩,陶飞,文笑雨,等.面向大规模个性化的产品服务系统模块化设计[J].中国机械工程,2018,29(18)：2204-2214,2249.

[76] Fan H T，Sheng Z Q. Research on conceptual design of product service system oriented on CNC machine tools[J]. Advanced Materials Research,2014,889-890：1471-1480.

[77] Wu X，Sarah M R. Joint Optimization of asset and inventory management in a product-service system[J]. The Engineering Economist：A Journal Devoted to the Problems of Capital Investment,2014,59(2)：91-115.

[78] 刘芳,施进发,陆长德.产品服务系统的商业模式研究[J].中国商贸,2014(1)：109-110,112.

[79] Li H，Ji Y J，Luo G F，et al. A modular structure data modeling method for generalized product[J]. International Journal of Advanced Manufacturing Technology,2016, 84(1-4)：197-212.

[80] Marilungo E，Peruzzini M，Germani M. An integrated method to support PSS design within the Virtual Enterprise[J]. Procedia CIRP,2015,30：54-59.

[81] 李浩,焦起超,文笑雨,等.面向客户需求的企业产品服务系统实施方案规划方法[J].计算机集成制造系统,2017,23(8)：1750-1764.

[82] Li H，Ji Y J，Li Q F，et al. A methodology for module portfolio planning within the service solution layer of a product-service system[J]. International Journal of Advanced Manufacturing Technology,2018,94(9)：3287-3308.

[83] Xie W M，Jiang Z B，Zhao Y X，et al. Contract design for cooperative product service system with information asymmetry[J]. International Journal of Production Research, 2014,52(6)：1658-1680.

[84] 彭晓娜,张宇红.移动医疗产品服务系统设计探究[J].包装工程,2013(20)：77-79.

[85] 李冀,莫蓉,孙惠斌.基于复杂网络的产品服务系统评价[J].计算机集成制造系统, 2013,19(9)：2355-2363.

[86] Muto K，Kimita K，Shimomura Y. A guideline for product-service-systems design process[J]. Procedia CIRP,2015,30：60-65.

[87] Li H，Ji Y J，Chen L，et al. Bi-level coordinated configuration optimization for product-service system modular design[J]. IEEE Transactions on Systems，Man，and Cybernetics-Systems,2017,47(3)：537-555.

[88] Suh N P. The principle of design[M]. Oxford：Oxford University Press,1990.

[89] Ulrich K，Tung K. Fundamentals of product modularity[C]//Issues in Design/Manufacturing Integration,Proceedings of ASME Winter Annual Meeting Conference,Atlanta. New York：ASME,1991.

[90] Pahl G,Beitz W. 工程设计学——学习与实践手册[M]. 冯培恩,张直明,等,译. 北京：机械工业出版社,1992.

[91] 贾延林. 模块化设计[M]. 北京：机械工业出版社,1993.

[92] Erixon G,Ostgren B. Synthesis and evaluation tool for modular designs[C]//Proceedings of International conference on engineering design. Hague：[s. n.],1993.

[93] Erixon G,Yxkull V A A. Modularity：the basis for product and factory reengineering[J]. Annals of the CIRP,1996,45(1)：1-6.

[94] Tseng M M,Jiao J X. A module indentification approach to electrical design of electronic products by clustering analysis of the design matrix[J]. Computers Industry Engineering,1997,33(1-2)：229-233.

[95] Stone W K,Crawford R. A heuristic method to identify modules from a functional description of a product[C]//ASME Design Engineering Technical Conferences. Atlanta：[s. n.],1998.

[96] Ericsson A,Erixon G. Controlling design variants：modular product platforms[M]. Michigan：Society of Manufacturing Engineers,1999.

[97] 童时中. 模块化原理设计方法及应用[M]. 北京：中国标准出版社,1999.

[98] Gu P,Sosale S. Product modularization for life cycle engineering[J]. Robotics and Computer Integrated Manufacturing,1999,15(5)：387-401.

[99] Dahmus J B,Gonzalez-Zugasti J P,Otto K N. Modular product architecture[J]. Design Studies,2001,22(5)：409-424.

[100] 青木昌彦,安藤晴彦. 模块化时代：新产业结构的本质[M]. 上海：上海远东出版社,2003.

[101] 祁国宁,顾新建,谭建荣,等. 大批量定制技术及其应用[M]. 北京：机械工业出版社,2003.

[102] Mikkola J H,Gassmann O. Managing modularity of product architectures：toward an integrated theory[J]. IEEE Transactions on Engineering Management,2003,50(2)：204-218.

[103] 李春田. 现代标准化前沿——"模块化"研究报告(1)[J]. 信息技术与标准化,2007(3)：52-58.

[104] 李春田. 模块化：产品创新开发的平台策略[J]. 中国标准化,2007(9)：59-63.

[105] 高卫国,徐燕申,陈永亮,等. 广义模块化设计原理及方法[J]. 机械工程学报,2007,43(6)：48-52.

[106] Huang Y Y,Li S J. Suitable application situations of different postponement approaches：Standardization vs. modularization[J]. Journal of Manufacturing Systems,2008,27(3)：111-122.

［107］ 侯亮,唐仁仲,徐燕申.产品模块化设计理论、技术与应用研究进展[J].机械工程学报,2004,40(1):56-61.

［108］ 樊蓓蓓,祁国宁.基于复杂网络的产品族建模及模块分析方法[J].机械工程学报,2007,43(3):187-192,198.

［109］ 樊蓓蓓.基于网络分析法的模块化产品平台关键技术研究[D].杭州:浙江大学,2011.

［110］ Böhmann T,Junginger M,Krcmar H. Modular service architectures:A concept and method for engineering IT services[C]//Proceedings of the 36th Hawaii International Conference on System Sciences(HICSS'03).[s. l.]:[s. n.],2003.

［111］ 李靖华.服务大规模定制实现机理分析:制造业与服务业融合视角[J].科技管理研究,2008,(2):143-145,169.

［112］ 邓爽.基于模块组合的金融服务创新模块研究[D].杭州:浙江大学,2008.

［113］ Moon S K,Simpson T W,Shu J,et al. Service representation for capturing and reusing design knowledge in product and service families using object-oriented concepts and an ontology[J]. Journal of Engineering Design,2009,20(4):413-431.

［114］ 李秉翰.服务模块化的可行性[J].市场营销导刊,2009(1):26-30.

［115］ 关增产.面向大规模定制的服务模块化研究[J].价值工程,2009,11:99-102.

［116］ Dong M,Yang D,Su L. Ontology-based service product configuration system modeling and development[J]. Expert Systems with Applications,2011,38(9):11770-11786.

［117］ Tuunanen T,Cassab H. Service process modularization:reuse versus variation in service extensions[J]. Journal of Service Research,2011,14(3):340-354.

［118］ Geum Y J,Kwak R,Park Y. Modularizing services:A modified HoQ approach[J]. Computers & Industrial Engineering,2012,62(2):579-590.

［119］ Jiao J X,Tseng M M. A methodology of developing product family architecture for mass customization. Technovation[J]. Journal of Intelligent Manufacturing,1999,10(1):3-20.

［120］ Welp E G,Meier H,Sadek T,et al. Modelling approach for the integrated development of industrial product-service systems[C]//Manufacturing systems and technologies for the new frontier:the 41st CIRP Conference on Manufacturing Systems. Tokyo:[s. n.],2008.

［121］ Li H,Ma J,Xiao Y Q,et al. Research on generalized product and its modularization process [C]//Proceedings of 2011 international conference on system science,engineering design and manufacturing informatization(ICSEM 2011).[s. l.]:[s. n.],2011.

［122］ Meyer M,Utterback J. The product family and the dynamics of core capability[J]. Sloan Management Review,1993,29-47.

［123］ Meyer M,Lehnerd A P. The power of product platforms:building value and cost leadership[M]. New York:The Free Press,1997.

[124] Simpson T W. Product platform design and optimization：status and promise[J]. Artificial Intelligence for Engineering Design，Analysis and Manufacturing，2004，18(1)：3-20.

[125] Jiao J X，Simpson T W，Siddique Z. Product family design and platform-based product development：a state-of-the-art review[J]. Journal of Intelligent Manufacturing，2007，18(1)：5-29.

[126] Tseng M M，Jiao J X. Design for mass customization[J]. Annals of the CIRP，1996，45(1)：153-156.

[127] 黄海鸿,刘志峰,王淑旺,等. 面向回收的产品模块化设计方法[J]. 农业机械学报，2006,37(12)：144-149.

[128] 杨继荣,段广洪,向东. 产品再制造的绿色模块化设计方法[J]. 机械制造，2007，45(3)：1-3.

[129] 祁国宁. 模块化技术及其应用[R]. 桂林：第五届全国 PLM 技术、实施与应用高级研修班 e-works，2009.

[130] 切克兰德. 系统论的思想与实践[M]. 左晓斯,史然,译. 北京：华夏出版社，1990.

[131] Checkland P. Soft systems methodology：A 30 year retrospective[M]. Chichester：John Wiley & Sons Ltd. 2001.

[132] 王泽椰,范冬萍. 从硬系统方法论走向整体主义多元方法论[J]. 华南师范大学学报（社会科学版），2010(4)：94-98.

[133] 王众托. 系统工程引论[M]. 北京：电子工业出版社，2006.

[134] 魏宏森,曾国屏. 系统论——系统科学哲学[M]. 北京：清华大学出版社，1995.

[135] Shankar V，Berry L L，Dotzel T. A practical guide to combining products and services [J]. Harvard Business Review，2009,87(11)：4,94-99.

[136] 高飞. 面向大批量定制的产品设计方法学研究[D]. 杭州：浙江大学，2004.

[137] Ulrich K. The role of product architecture in the manufacturing firm[J]. Research Policy，1995,24(3)：419-440.

[138] Kusiak A，Huang C C. Development of modular products[J]. IEEE Transactions on Computers，Packaging，and Manufacturing Technology，1996,19(4)：523-538.

[139] Gu P，Hashemianm M，Sosale S. An integrated modular design methodology for life-cycle engineering[J]. CIRP Annals-Manufacturing Technology，1997,46(1)：71-74.

[140] Stone R B，Wood K L，Crawford R H. A heuristic method for identifying modules for product architectures[J]. Design Studies，2000,21(1)：5-31.

[141] Stone R B，Wood K L，Crawford R H. Using quantitative functional models to develop product architectures[J]. Design Studies，2000,21(3)：239-260.

[142] 孙挪刚,梅雪松,张优云. 基于质量屋矩阵的产品模块划分方法[J]. 西安交通大学学报，2006,40(1)：45-49.

[143] 龚京忠,邱静,李国喜. 基于图分割的机械系统概念模块划分[J]. 国防科技大学学报，2007,29(3)：103-108.

[144] Umeda Y，Fukushige S，Tonoike K，et al. Product modularity for life cycle design[J].

CIRP Annals—Manufacturing Technology,2008,57(1):13-16.

[145] 王日君,张进生,葛培琪,等.基于公理设计与模糊树图的集成式模块划分方法[J].农业机械学报,2009,40(4):179-183.

[146] Tseng H E,Chang C C,Li J D. Modular design to support green life-cycle engineering [J]. Expert Systems with Applications,2008,34(4):2524-2537.

[147] 王日君,张进生,葛培琪,等.面向设计的产品模块划分方法[J].农业机械学报,2009,40(9):182-186.

[148] Tsai Y T. The development of modular-based design in considering technology complexity[J]. European Journal of Operation Research,1999,119:692-703.

[149] 贡智兵,李东波,史翔.面向产品配置的模块形成及划分方法[J].机械工程学报,2007,43(11):160-167.

[150] 唐涛,刘志峰,刘光复,等.绿色模块化设计方法研究[J].机械工程学报,2003,39(11):149-154.

[151] 陈小斌.机电产品绿色模块划分方法研究与应用[D].杭州:浙江大学,2012.

[152] 谢庆生,韩涛,李亚青,等.基于 QFD 和 TRIZ 的产品创新设计理论模型及应用[J].兰州理工大学学报,2010,36(2):29-32.

[153] 李浩.广义产品模块划分与融合的关键技术研究[D].杭州:浙江大学,2013.

[154] 李浩,祁国宁,纪杨建,等.面向服务的产品模块化设计方法及其展望[J].中国机械工程,2013,24(12):1687-1695.

[155] Bask A,Lipponen M,Rajahonka M,et al. Framework for modularity and customizations:service perspective[J]. Journal of Business & Industrial Marketing,2011,26(5):306-319.

[156] Hyötyläinen M,Möller K. Service packaging:key to successful provisioning of ICT business solutions[J]. Journal of Services Marketing,2007,21(5):304-312.

[157] Ishii K,Eubanks C F,Di Marco P. Design for product retirement and material life cycle[J]. Materials and Design,1994,15(4):225-233.

[158] Kimura F,Kato S,Hata T,et al. Product modularization for parts reuse in inverse manufacturing[J]. Annals of CIRP,2001,50(1):89-92.

[159] 车阿大,杨明顺.质量功能配置方法及应用[M].北京:电子工业出版社,2008.

[160] Chaudha A,Jain R,Singh A R,et al. Integration of Kano's model into quality function deployment(QFD)[J]. International Journal of Advanced Manufacturing Technology,2011,53(5-8):689-698.

[161] Kano N,Seraku K,Takahashi F,et al. Attractive quality and must be quality[J]. Journal of the Japanese Society for Quality,1984,14(2):39-48.

[162] Kawakita J. KJ method[M].[s. l.]:Chuokoron-Sha,1986.

[163] Osborn A F. Applied imagination—principles and procedures of creative thinking [M]. New York:Scribner,1957.

[164] Withing C. Creative thinking[M]. New York:Scribner,1958.

[165] Malmqvist J. Computer-based approach towards including design history information in product models and function-means trees[C]//Proceedings of DTM-95. Boston:

[s. n.],1995.

[166] Keeney R L,Raiffa H. Decisions with multiple objectives：preferences and value tradeoffs[M]. New York：Cambridge University Press,1993.

[167] 许海洋,汪国安,王万森. 模糊聚类分析在数据挖掘中的应用研究[J]. 计算机工程与应用,2005,17：177-179.

[168] Bytheway C W. The creative-aspect of FAST diagram[C]//Proceedings of International Conference on SAVE. [s. l.]：[s. n.],1971.

[169] John S. Computational models of innovative and creative design processes[J]. Technological Forecasting and Social Change,2000,64(1)：183-196.

[170] Ji Y J,Jiao R J,Chen L,et al. Green modular design for material efficiency：a leader-follower joint optimization model[J]. Journal of Cleaner Production,2013,41(2)：187-201.

[171] Siddique Z,Rosen D W. Product platform design：a graph grammar approach[C]// ASME Design Engineering Technical Conference. Las Vegas：Nevada,1999.

[172] Nelson S A,Parkinson M B,Papalambros P Y. Multicriteria optimization in product platform design[J]. ASME Journal of Mechanical Design,2001,123(2)：199-204.

[173] Otto K N,Wood K L. Product design：techniques in reverse engineering and new product development[M]. New Jersey：Prentice Hall,Upper Saddle River,2001.

[174] Zakarian A,Rushton G J. Design of modular electrical systems[J]. IEEE Trans. Mechatron,2001,6(4)：507-520.

[175] 常艳,潘双夏,郭峰,等. 面向模块化设计的客户需求分析[J]. 浙江大学学报（工学版）,2008,42(2)：248-252.

[176] 李中凯,程志红,杨金勇,等. 客户需求驱动的柔性平台功能模块识别方法[J]. 重庆大学学报,2012,35(9)：22-29.

[177] Pine J. Mass customizing products and services[J]. Planning Review,1993,21(4)：6-13.

[178] Spira J. Mass customization through training at lutron electronics[J]. Computers in Industry,1996,30(3)：171-174.

[179] Silveira G D,Borenstein D,Fogliatto F S. Mass customization：literature review and research directions[J]. International Journal of Production Economics,2001,72(1)：1-13.

[180] 周乐,连海佳,季建华. 大规模定制模式产品定制程度分析[J]. 系统管理学报,2007,16(6)：656-689.

[181] 徐哲,刘沁波,陈立. 基于属性重要度的产品定制程度测量模型及定制策略[J]. 管理学报,2012,9(2)：296-302.

[182] 伊辉勇,刘伟,徐哲. 基于联合分析模型的产品定制程度问题研究[J]. 计算机集成制造系统,2007,13(7)：1322-1329.

[183] Li H,Ji Y J,Gu X J,et al. The evaluation of enterprise manufacturing services maturity model[C]//Proceedings of IEEE international conference on industrial engineering and engineering management 2012(IEEM 2012). Hongkong：[s. n.],2012.

[184] 沈浩,柯惠新. 结合分析的原理与应用[J]. 数理统计与原理,1998(4)：39-45.

[185] Kohli R，Sukumar R. Heuristics for product-line design using conjoint analysis[J]. Management Science，1990，36(12)：1464-1478.

[186] Green P E，Srinivasan V. Conjoint analysis in marketing：new developments with implications for research and practice[J]. The Journal of Marketing，1990，54(4)：3-19.

[187] 结合分析在产品概念测试中的应用[EB/OL]. [2012]http://www. mepss. nl/.

[188] SPSS conjoint 8. 0[EB/OL]. http://www. spss. com.

[189] Jiao J X，Ma Q H，Tseng M M. Towards high value-added products and services mass customization and beyond[J]. Technovation，2003，23(10)：809-821.

[190] 童秉枢，李建明. 产品数据管理(PDM)技术[M]. 北京：清华大学出版社，2000.

[191] 张和明，熊光楞. 制造企业的产品生命周期管理[M]. 北京：清华大学出版社，2006.

[192] 苟吉华，彭颖红，阮雪榆. 产品数据管理中的产品数据模型[J]. 上海交通大学学报，2000，34(3)：404-407.

[193] Eynard B，Gallet T，Roucoules L，et al. PDM system implementation based on UML [J]. Mathematics and Computers in Simulation，2006，70：330-342.

[194] Fenves S J. A core product model for representing design information[R]. [s. l.]：[s. n.]，2002.

[195] Saaksvuori A，Immonen A. Product lifecycle management[M]. Berlin：Springer，2004.

[196] Fowler J. STEP for data management，exchange and sharing[M]. Great Britain：Technology Appraisals Ltd. ，1995.

[197] Stark J. 产品生命周期管理[M]. 杨青海，等译. 北京：机械工业出版社，2008.

[198] 云晓丹. 集成产品元模型分析及其应用研究[D]. 杭州：浙江大学，2010.

[199] 萧塔纳. 制造企业的产品数据管理[M]. 祁国宁，译. 北京：机械工业出版社，2000.

[200] 祁国宁，萧塔纳，顾新建，等. 图解产品数据管理[M]. 北京：机械工业出版社，2005.

[201] Schoettner J. PDM/ PLM-seminar in Guilin[R]. 祁国宁，译. 桂林：[报告组织者不详]，2009.

[202] 祁国宁，Schoettner J. 集成产品模型及其应用[R]. 杭州：浙江大学，2009.

[203] 余军合. 面向全生命周期虚拟产品模型的研究与应用[D]. 杭州：浙江大学，2002.

[204] 顾巧祥. 面向产品全生命周期配置标识关键技术研究[D]. 杭州：浙江大学，2006.

[205] 李响烁. PLM 开发实施进程与集成产品元模型研究[D]. 杭州：浙江大学，2007.

[206] 胡浩，祁国宁，纪杨建，等. 基于产品生命周期维修的产品结构模型[J]. 浙江大学学报（工学版），2010，44(11)：2108-2112.

[207] 胡浩. 长生命周期生产设备维修状态管理关键技术研究[D]. 杭州：浙江大学，2011.

[208] Xu Q L，Jiao J X. Design project modularization for product families[J]. Journal of Mechanical Design，2009，131(7)：071007. 1-071007. 10.

[209] Stackelberg H. The theory of market economy[M]. Oxford：Oxford University Press，1952.

[210] Du G. Hierarchical cooperative optimization in product family design[J]. Industrial Engineering Journal，2005，8(5)：11-14.

[211] Candler W，Norton R. Multilevel programming[R]. Washington D. C. ：Technical Report 20，World Bank Dvelopment Research Center，1977.

[212] Bracken J，McGill J. Mathematical programs with optimization problems in the constraints[J]. Operations Research，1973，21：37-44.

[213] Kornal J，Liptak T. Two-level planning[J]. Econometric，1965，33：141-169.

[214] Freeland J，Baker N. Good partitioning in a hierarchical origanization[J]. Management Science，1975，3：673-678.

[215] Kara B Y，Verter V. Designing a road network for hazardous materials transportation [J]. Transportation Science，2004，38(2)：188-196.

[216] 杨沅钊，易树平，高庆萱，等. 汽车零部件供应商选择双层规划模型及求解[J]. 重庆大学学报(自然科学版)，2007，30(7)：10-13.

[217] Shabde V S，Hoo K A. Optimum controller design for a spray drying Process[J]. Control Engineering Practice，2008，16(5)：541-552.

[218] Hernandez G，Seepersad C C，Mistree F. Designing for maintenance：a game theoretic approach[J]. Engineering Optimization，2002，34(6)：561-577.

[219] Nayak R U，Chen W，Simpson T W. A variation-based method for product family design[J]. Engineering Optimization，2002，34(1)：65-81.

[220] 李喆. 面向产品族协同优化设计的模糊层次优化模型与方法研究[D]. 天津：天津大学，2006.

[221] 张德超. 产品族优化设计的二维模型及相关方法研究[D]. 天津：天津大学，2008.

[222] 杜纲. 产品族设计中的层次关联协同优化[J]. 工业工程，2005，8(5)：11-14.

[223] 王先甲，冯尚友. 二层系统最优化理论[M]. 北京：科学出版社，1995.

[224] 王海军，孙宝元，张建明，等. 客户需求驱动的模块化产品配置设计[J]. 机械工程学报，2005，41(4)：85-91.

[225] Jiao J X，Zhang Y Y. Product portfolio planning with customer-engineering interaction [J]. IIE Transactions，2005，37(9)：801-814.

[226] Yoshimura M，Takeuchi A. Concurrent optimization of product design and manufacturing based on information of users' needs[J]. Concurrent Engineering：Research and Applications，1994，2(1)：33-44.

[227] Day G S. The product life cycle：analysis and applications issues[J]. Journal of Marketing，1981，45(4)：60-67.

[228] Bialas W，Karwan M. Two-level linear programming[J]. Management Science，1984，30(8)：1004-1020.

[229] Fortuny-Amat J，McCarl B. A representation and economic interpretation of a two-level programming problem[J]. Journal of the Operational Research Society，1981，32(9)：783-792.

[230] Anandalingam White D J. A solution method for the linear static Stackelberg problem using penalty functions[J]. IEEE Transactions on Automatic Control，1999，35(10)：1170-1173.

[231] Emam O E. A fuzzy approach for bi-level integer non-linear programming problem [J]. Applied Mathematics and Computation,2006,172(1)：62-71.

[232] Mathieu R,Pittard L,Anandalingam G. Genetic algorithm based approach to bi-level linear programming[J]. Rechercheopérationnelle,28(1)：1-22.

[233] Li D,Sun X L. Towards strong duality in integer programming[J]. Journal of Global Optimization,2006,35(2)：255-282.

[234] Ozdamar L. A genetic algorithm approach to a general category project scheduling problem[J]. Transactions on Systems Man and Cybernetics Part C：Applications and Reviews,1999,29(1)：44-59.

[235] 中国制造 2025[OL]. [2018-01-08]http：//www. gov. cn/zhengce/content/2015-05/19/content_9784. htm.

[236] 江平宇,朱琦琦.产品服务系统及其研究进展[J].制造业自动化,2008,30(12)：10-17.

[237] 杨才君,高杰,孙林岩.产品服务系统的分类及演化——陕鼓的案例研究[J].中国科技论坛,2011(2)：59-65.

[238] Tseng M M,Jiao R J,Wang C. Design for mass personalization[J]. CIRP Annals-Manufacturing Technology,2010,59(1)：175-178.

[239] Zhou F,Ji Y,Jiao R J. Affective and cognitive design for mass personalization：status and prospect[J]. Journal of Intelligent Manufacturing,2013,24(5)：1047-1069.

[240] Berry C,Wang H,Hu S J. Product architecting for personalization. Journal of Manufacturing Systems,2013,32(3)：404-411.

[241] Jack H S. Cyber-physical manufacturing systems for open product realization[R]. Shen Yang：ICFDM2016,2016.

[242] Ngo T D,Kashani A,Imbalzano G,et al. Additive manufacturing(3D printing)：A review of materials,methods,applications and challenges[J]. Composites Part B：Engineering,2018,143(15)：172-196.

[243] Qu M,Yu S,Chen D,et al. State-of-the-art of design,evaluation,and operation methodologies in product service systems[J]. Computers in Industry,2016,77：1-14.

[244] 沈瑾.基于本体的产品延伸服务建模与配置研究[D].上海：上海交通大学,2012.

[245] Vasantha G V A,Roy R,Lelah A,et al. A review of product-service systems design methodologies[J]. Journal of Engineering Design,2012,23(9)：635-659.

[246] Bertoni A,Bertoni M,Isaksson O. Value visualization in Product Service Systems preliminary design[J]. Journal of Cleaner Production,2013,53：103-117.

[247] Davis S M. Future Perfect[M]. New York：Addison-Wesley,1987.

[248] Kumar A,Stecke K E. Measuring the effectiveness of a mass customization and personalization strategy：a market and organizational-capability-based index [J]. International Journal of Flexible Manufacturing Systems,2007,19(4)：548-569.

[249] Geng X,Chu X. Functional Thinking for Value Creation：Proceedings of the 3rd CIRP International Conference on Industrial Product Service Systems，Technische

Universität Braunschweig，Braunschweig，Germany［C］//Berlin Heidelberg：Springer-Verlag，2011.

[250] Long H J，Wang L Y，Shen J，et al. Product service system configuration based on support vector machine considering customer perception［J］. International Journal of Production Research，2013，51(18)：5450-5468.

[251] Shikata N，Gemba K，Uenishi K. A competitive product development strategy using modular architecture for product and service systems［J］. International Journal of Business and Systems Research，2013，7(4)：375-394.

[252] 宋文燕.面向客户需求的产品服务方案设计方法与技术研究［D］.上海：上海交通大学，2014.

[253] Song W，Ming X，Han Y，et al. An integrative framework for innovation management of product-service system［J］. International Journal of Production Research，2015，53(8)：2252-2268.

[254] Li H，Wen X Y，Wang H Q，et al. A methodolagy for the modular structure planning of product-service system［J］. Mathematical Biosciences and Engineering，2019，16(3)：1489-1525.

[255] Murthi B P S，Sarkar S. The role of the management sciences in research on personalization［J］. Management Science，2003，49(10)：1344-1362.

[256] Kumar A. From mass customization to mass personalization：a strategic transformation ［J］. International Journal of Flexible Manufacturing Systems，2007，19(4)：533-547.

[257] Adomavicius G，Tuzhilin A. Personalization technologies：a process-oriented perspective［J］. Communications of the ACM，2005，48(10)：83-90.

[258] Glaessgen E H，Stargel D. The digital twin paradigm for future NASA and US air force vehicles［C］//53rd Structures，Dynamics and Materials Conference. Special Session：Digital Twin，2012.

[259] Tuegel E J，Ingraffea A R，Eason T G，et al. Reengineering aircraft structural life prediction using a digital twin［J］. International Journal of Aerospace Engineering，2011(2011)：1687-5966.

[260] Tuegel E J. The airframe digital twin：some challenges to realization［C］//Proceedings of the 53rd AIAA/ASME/AHS/ASC Structures，Dynamics and Materials Conference. Resron：AIAA，2012.

[261] Ulrich K T，Eppinger S D. Product design and development［M］. Columbus：McGraw-Hill Higher Education，2016.

[262] Pahl G，et al. Engineeing design：a systematic approach［M］. Berlin：Springer，2007.

[263] Terninko J，Zusman A，Zlotin B. Systematic innovation：an introduction to TRIZ (theory of inventive problem solving)［M］. Cleveland：CRC Press，1998.

[264] Suh N P. Axiomatic design theory for systems［J］. Research in Engineering Design，1998，10(4)：189-209.

[265] Akao Y，Mazur G H. The leading edge in QFD：past，present and future［J］.

International Journal of Quality & Reliability Management,2003,20(1)：20-35.

[266] Grieves M. Virtually perfect：driving innovative and lean products through product lifecycle management[M]. Cocoa Beach：Space Coast Press,2011.

[267] Grieves M. Digital twin：manufacturing excellence through virtual factory replication [EB/OL]. [2018-12-30]http://www. apriso. com/library/Whitepaper_Dr_Grieves_DigitalTwin_ManufacturingExcellence. php. 2014.

[268] 陶飞,张萌,程江峰,等. 数字孪生车间——一种未来车间运行新模式[J]. 计算机集成制造系统,2017,23(1)：1-9.

[269] Victor S,Willcox K E. Engineering design with digital thread[J]. AIAA Journal,2018,56(11)：4515-4528.

[270] Helu M,Joseph A,Hedberg J T. A standards-based approach for linking as-planned to as-fabricated product data[J]. CIRP Annals,2018,67(1)：487-490.

[271] Sobieszczanski-Sobieski J,Haftka R T. Multidisciplinary aerospace design optimization：survey of recent developments[J]. Structural Optimization,1997,14(1)：1-23.

[272] Giesing J,Barthelemy J M. A summary of industry mdo applications and needs,an aiaa white paper [C]//7th AIAA/USAF/NASA/ISSMO Symposium on Multidisciplinary Analysis and Optimization. Louis：[s. n.],1998.

[273] Dudley J. Multidisciplinary optimization of the high-speed civil transport [C]// Proceedings of the AIAA 33rd Aerospace Sciences Meeting. Reno：[s. n.],1995.

[274] Agte J,De Weck O,Sobieszczanski-Sobieski J,et al. MDO：assessment and direction for advancement—an opinion of one international group [J]. Structural and Multidisciplinary Optimization,2010,40(1-6)：17.

[275] 潘尚能,罗建桥. 涡轮多学科优化中的气动设计技术探讨[J]. 航空动力学报,2012,27(3)：635-643.

[276] 孙亚东,张旭,宁汝新,等. 面向多学科协同开发领域的集成建模方法[J]. 计算机集成制造系统,2013,19(03)：449-460.

[277] 刘成武,李连升,钱林方. 随机与区间不确定下基于近似灵敏度的序列多学科可靠性设计优化[J]. 机械工程学报,2015,51(21)：174-184.

[278] 俞必强,杨晓楠,李威. 基于 Isight 的多学科随机搜索优化方法[J/OL]. 计算机集成制造系统,2019-1-20：1-18.

[279] Aromaa S,Väänänen K. Suitability of virtual prototypes to support human factors/ergonomics evaluation during the design[J]. Applied ergonomics,2016,56：11-18.

[280] Li Z,Yan X,Yuan C,et al. Virtual prototype and experimental research on gear multi-fault diagnosis using wavelet-autoregressive model and principal component analysis method[J]. Mechanical Systems and Signal Processing,2011,25(7)：2589-2607.

[281] Johnston B,Bulbul T,Beliveau Y,et al. An Assessment of pictographic instructions derived from a virtual prototype to support construction assembly procedures[J]. Automation in Construction,2016,64：36-53.

[282] 熊光楞,李伯虎,柴旭东. 虚拟样机技术[J]. 系统仿真学报,2001(01)：114-117.

[283] 范文慧,肖田元,郭斌. 基于 HLA 和 DEVS 的综合保障分布式仿真的研究[J]. 系统仿真学报,2006,18(2)：299-303.

[284] 李伯虎,柴旭东,张霖,等. 面向新型人工智能系统的建模与仿真技术初步研究[J]. 系统仿真学报,2018,30(02)：349-362.

[285] Garbade R,Dolezal W R. DMU@Airbus—evolution of the digital mock-up(DMU)at Airbus to the centre of aircraft development[C]//Proceedings of the 17th CIRP Design Conference. Heidelberg：Springer,2007.

[286] Fukuda S,Lulic Z,Stjepandic J. FDMU—functional spatial experience beyond DMU? [C]//Proceedings of the 20th ISPE International Conference on Concurrent Engineering. Amsterdam：IOS Press,2013.

[287] Mas F,Menéndez J L,Oliva M,et al. Collaborative engineering：an airbus case study [J]. Procedia Engineering,2013,63：336-345.